旅鉄車両ファイル 006

国鉄 キハ40形 一般形気動車

小湊鐵道キハ40形1～4号機
五井機関区　2021年10月10日
写真／押方将志

山口線は、今もキハ40系が主力。
ロングシート化改造されたキハ47形2020号車とキハ40形が行く。
徳佐～船平山間　2018年4月22日　写真／高橋政士

開聞岳をバックにJR線最南端を行くキハ47形。大山〜西大山間　2020年8月13日　写真／雨宮奈津美

夕日が似合う五能線を行くキハ40系のシルエット。能代〜向能代間　2019年8月15日　写真／雨宮奈津美

キハ40形登場時の塗色である首都圏色と、
新製時はまとわなかった気動車一般色の併結で根室本線を行く。
芽室〜大成間　2021年5月3日
写真／雨宮奈津美

最北の地から最南端まで、全国のローカル線に足跡を残すキハ40系。羊蹄山の麓を走り、1986年に廃止された胆振線もその一つ。留産～喜茂別間　1986年7月10日　写真／高橋政士

新潟地区では、近郊形のキハ47形を中心に運行された。羽越本線を行く架線下DCも懐かしい光景になった。
藤島　2016年9月11日　写真／中村 忠

キハ40系は、北九州地区でも多く活躍した。構造や車体のベースとなったキハ66・67形と併結運転をするキハ40形。
八幡　写真／新井 泰

雪が積もった只見線の第四只見川橋梁を渡るキハ40形。頑丈な車体で、厳しい環境にもよく耐えた。
会津水沼〜会津中川間　1996年2月　写真／高橋政士

JRを引退したキハ40系の中には、地方私鉄に活躍の場を移す車両が出てきた。
小湊鐵道のカラーに一新し、キハ200形と走るキハ40形1号機。
上総村上〜海士有木間　2022年5月5日 写真／押方将志

Contents 旅鉄車両ファイル006

表紙写真：
キハ40形243号車＋キハ22形
宗谷本線南美深～美深間
1986年7月22日
写真／高橋政士

第1章

キハ40・47・48形の概要

近年、数少ない国鉄形車両として鉄道愛好家の注目を浴び続けているキハ40・47・48形気動車。国鉄型気動車としては、拡幅車体、朱色5号単色の首都圏色、そしてDMF15系機関と、従来の一般形気動車からすると“異端”な仕様になっている。888両が製造され、JR旅客6社すべてに承継された本形式について詳しくみていこう。

キハ40・47・48形一般形気動車のプロフィール

文◉高橋政士　資料協力◉高橋政士・岸本 亨

日本の気動車の歴史を切り開いたキハ10系も、1970年代になると老朽化が目立ちはじめ、後継となる一般形気動車が必要とされた。そこで開発されたキハ40・47・48形では、従来のDMH17系機関をやめ、拡幅車体を朱色5号単色で塗装した、新たな装いで登場した。

富士重工業で落成し、東北本線で試運転を行うキハ47形0・1000番代。氏家　1977年2月19日　写真／荒川好夫(RGG)

キハ40・47・48形の開発の背景

1953(昭和28)年から量産が開始されたキハ10系一般形気動車は、蒸気機関車牽引の列車に比べて軽量で、機動性も格段に良いことから大量に増備され、各地の非電化路線の無煙化に貢献してきた。しかし、製造から20年を超えて老朽化と共に、客室設備の陳腐化も問題視されるようになった。

そこでキハ10系の置き換え用として、1966(昭和41)年製のキハ45系を発展させたうえ、1977(昭和52)年に新たな一般形気動車として登場したのがキハ40・47・48形一般形気動車(以下、キハ40系)だ。車体や走り装置は、1975(昭和50)年に北九州地区用に製造された大出力近郊形のキハ66・67形を基本とし、両運転台付きのキハ40形と、片運転台付きとしたキハ48形、片運転台付きで中央寄り両開き扉を持ったキハ47形の3形式が起こされた。

キハ40・48形には酷寒地向け、寒地向け、暖地向け、キハ47形に寒地向け、暖地向けの仕様があ

図1 乗務員室外部見付(キハ47形0・1000・500・1500番代)

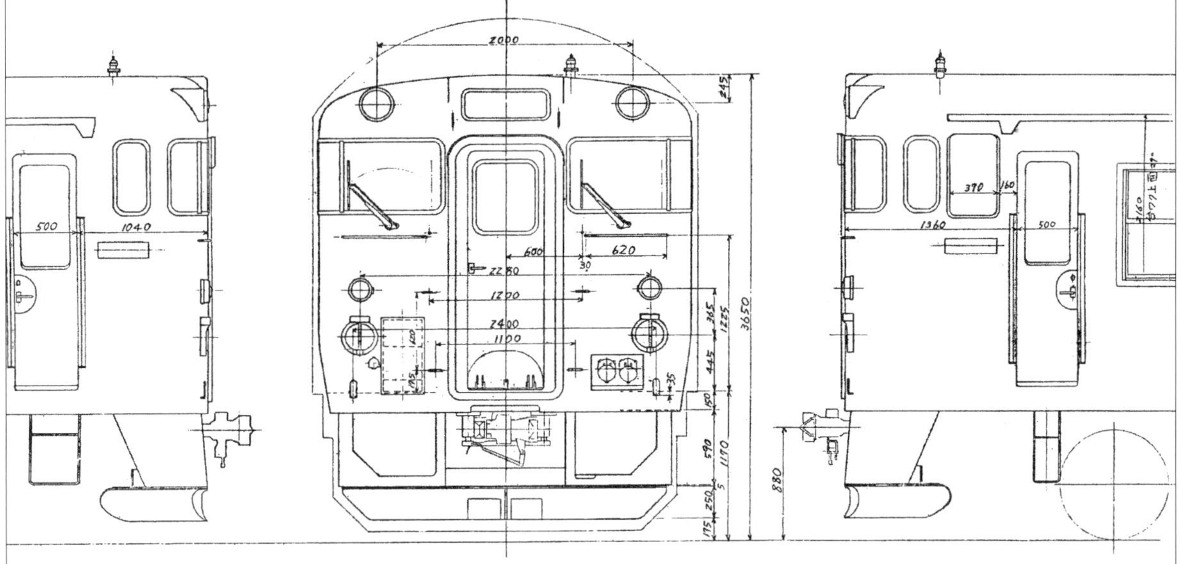

る。各形式と番代区分は後述する。

出力増強を打ち消す重量ある頑強な車体

車体は軽量構造で、外板は前面を除き1.6mm厚、屋根と床板のキーストーンプレートは1.2mm厚の車両用耐候性高張力鋼板(SPA)を使用。車体幅は急行形と同じ2,900mm、車体長はいずれの形式も20,800mm(全長21,300mm)と大型化され、居住空間拡大と共に接客設備も大幅に改善した。屋根高さはレール面から3,650mm、屋根はR5,000mm、肩はR250mmで側板と接している。台枠高さはレール面上1,170mmとなっている。

キハ40系設計当時の国鉄の労使関係は最悪の状況であり、新形式車の導入となると運転室拡大による労働環境の改善や、踏切事故に備えて前面の強化などが労使交渉の議題となり、運転台はキハ65形に比べてさらに150mm高い位置(キハ66・67形と同じ)となり、乗務員室扉も約350mm後退させている。前面窓下の外板は4.5mm厚として、運転室側面の窓下まで巻くなど前面強化を図った(図1)。

その結果、新型機関の出力アップを相殺するような頑丈ながらも重い車体となってしまった。しかし、新製から30年以上経った2022(令和4)年現在でもキハ40系が運用されていることを考慮すると、結果論ではあるものの、頑丈で重い車体も一定の効果があったともいえるだろう。

落成間もないキハ47形0番代の車内。キハ47形の場合、1～79号車の客室内化粧板は従来通りの淡緑色だったが、80号車以降はクリーム色に変更された。富士重工業宇都宮工場 1977年2月19日 写真/荒川好夫(RGG)

図2 キハ40・47・48形の形式図

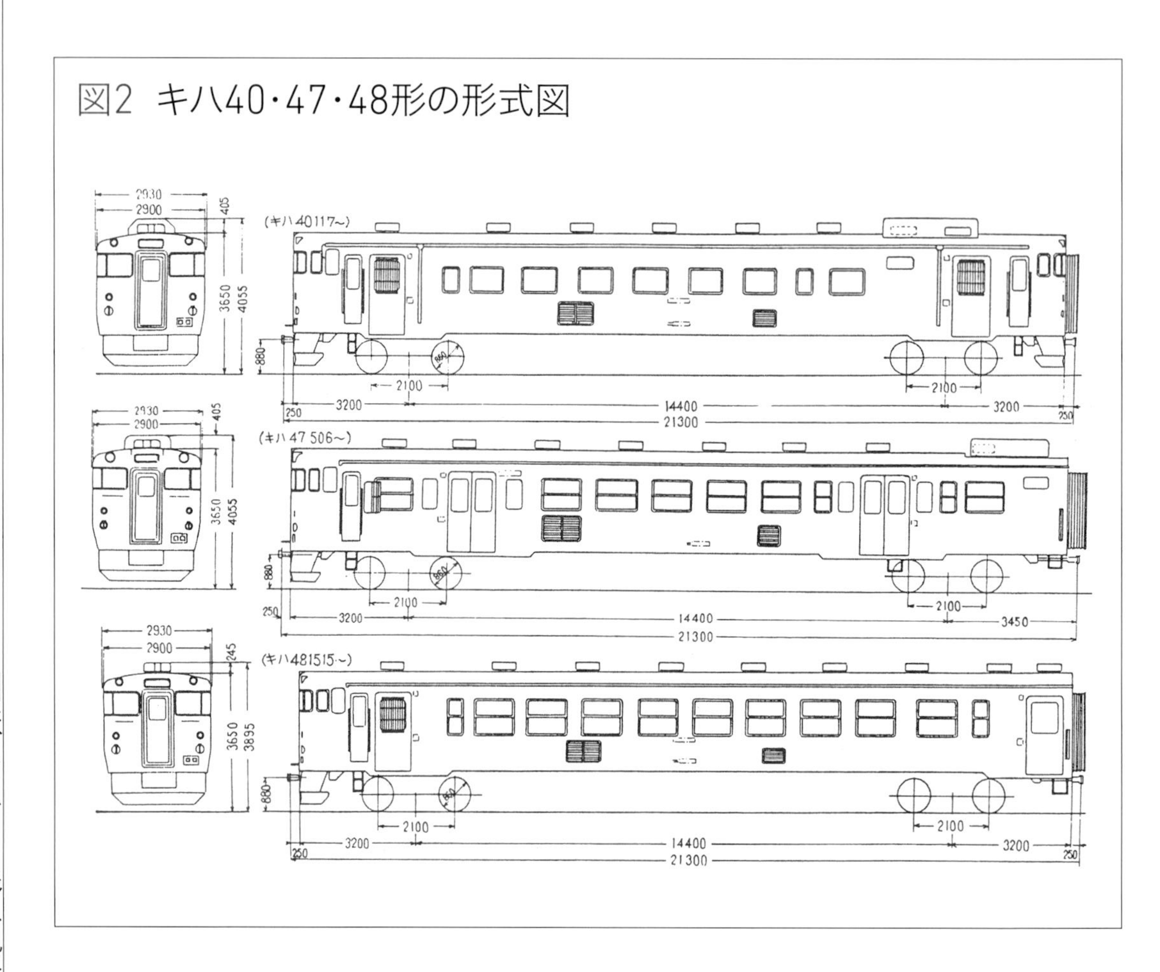

冷房装置はローカル用ということと軽量化のため取り付けられなかった。暖房は機関冷却水を利用した温風暖房を採用。従来型に比べて格段に暖房の利きが良くなった。

登場時の形式は、両運転台付きで基幹となる片開き引戸2扉型のキハ40形、これを片運転台付きとしたキハ48形、片運転台付きで2つの客用扉を両開き引戸として車体中央に寄せたキハ47形がある。

さらにキハ40・48形では北海道で運用される酷寒地型、寒冷積雪地域用の寒地型、寒冷地以外で運用される暖地型の3仕様に分かれている。キハ47形は客室と扉の部分を仕切ることができないため、寒地型と暖地型の2仕様となっている。これらは番代で区分されており、便所の有無を含めて13種に分類され、番代区分は複雑となっている。総数で888両が製造された。

塗色は新製時から全車が朱色5号の首都圏色となっている。

小型自動連結器とジャンパ連結器

従来車同様、下作用式密着式小型自動連結器を採用するが、内部機構が若干改良されている。連結緩衝器が従来のRD3ゴム緩衝器から、鋼板にゴムを接着して一体型としたRD13となり、メンテナンス性が向上した。

ジャンパ連結器には、従来車との連結を考慮してKE53を2個使用しているが、キハ40系で独自に使用する耐雪ブレーキ、直通予備ブレーキなどの引通線が増加して芯数が不足することから、キハ40系のみの運用になった際に使用する多芯のKE91

新製間もない頃、只見線で運用されるキハ40形561号車。2両目で狭幅車体のキハ51形、3両目で通常車体のキハユニ26形と、気動車の車体がだんだんと大きくなってきたのが分かる。クリーム色の貫通幌枠は仙台鉄道管理局の特徴。会津若松　1980年8月23日　写真／高橋政士

が新たに開発された。昭和53年度本予算分（※）からはKE93に変更。多芯のジャンパ連結器は大型になるため、栓納め取付準備工事として妻面の1・4位に凹みが設けられた。

実際にはKE93栓納めが取り付けられることはなかったが、冷房取付改造を行い、ワンマン運転を行うキハ40系のみで運用された烏山線のキハ40形1001〜1005・1007〜1009号車などでは実装されて、キハ40系の最終形態ともいえる外観となった。

なお、従来車との連結を可能とするため、キハ40系にはKE93が設置されているが、栓受けには1個のKE93を2個のKE53に分配するアダプタとして機能するKE94が取り付けられている（17ページ参照）。

※昭和53年度本予算分
キハ40形　117・521・2001号車
キハ47形　34・1015・506・1506号車
キハ48形　1・501・1501号車

上／KE93ジャンパ連結器を設置した烏山線のキハ40形。ある意味キハ40系の最終形態ともいえる。2位のKE94栓受けと、KE53栓納めは残置されている。右／会津若松に停車中のキハ40形560号車。1位前面に設けられたKE93栓納めを取り付ける凹みは、通常はフサギ板で塞がれているが、腐食防止の観点からフサギ板を撤去したものもある。写真／高橋政士（2点とも）

左／一部のキハ40形には、KE93栓納めのみが設置された車両もある。キハ40形2140号車　小出　2010年7月2日　写真／高橋政士

右／キハ40形のスカートの裏側にまわると、1個のKE93ジャンパ連結器が装着されている(左)。これにKE94というアダプタを取り付け、外側の栓受けは2個のKE53になっている(右)。五井機関区　2022年9月22日　撮影協力／小湊鐵道

キハ40·47·48形主要諸元

形式車号		キハ40形 101〜116· 117〜259	キハ40形 501〜520· 521〜594	キハ47形 501〜505· 506〜522	キハ47形 1501〜1505· 1506〜1521	キハ48形 501〜559
仕様		酷寒地	寒地	寒地	寒地	寒地
定員	座席数	66	66	76	80	73
	立席数	30	30	48	48	34
自重(t)		約37.6	約37.3	約35.9	約35.5	約36.2
換算両数	積車	4.5	←	←	←	←
	空車	4.0	3.5	←	←	←
主要寸法	最大長(mm)	21,300	←	←	←	←
	最大幅(mm)	2,930	←	←	←	←
	最大高(mm)※1	4,055	4,055	4,055	3,895	4,055
	最大高(mm)※2	3,650	←	←	←	←
	車体外部長(mm)	20,800(20,806)				
	車体外部幅(mm)	2,900(2,903)				
	台車中心距離(mm)	14,400				
車体関係	床面高(mm)	1,210(1,215)				
	踏段高(mm)	965	←	←	←	←
	運転室の有無	両	両	片	片	片
	便所の有無	有	有	有	無	有
	出入口数(片面)	2				
台車	形式(動力台車)	DT44A(DT44)				
	形式(付随台車)	TR227A(TR227)				
	軸距	2,100				
連結器及び緩衝装置		密着小型自連				
ブレーキ	種別	CLE				
	空気圧縮機	CW750D				
	ブレーキシリンダ	180×200U×4				
機関	形式	DMF15HSA				
	標準出力／同回転数(PS／rpm)	220／1,600				
動力伝達方式		液体式				
液体変速機形式		DW10				
充電発電機方式容量		交流24V／4KVA				
照明方式	トランジスタLF4051　40W(個)	11 (10)	11	13	14	13
	蛍光灯　LF2063　20W(個)	11 (14)	9	4	3	6
蓄電池	形式	TRK15-12				
	個数	4				
	容量(5時間率)	24V／355AH				
付属装置	冷却水容量(L)	400				
	潤滑油容量(L)	800				
	変速機油容量(L)	120				
	送風機容量(m3/rpm/min)	512/2,300				
	燃料タンク容量(L)	800				
最高運転速度(km/h)		95				
製造初年		1977(昭和52)	1977(昭和52)	1977(昭和52)	1977(昭和52)	1979(昭和54)
製造所年		新潟、富士重	新潟、富士重	新潟	新潟	新潟、富士重
製造両数		150	94	22	21	59

(　　)は初期車　※1　便所付は水タンクまでの高さ　※2　便所なしは通風器までの高さ

キハ48形 1501～1550	キハ48形 301～304	キハ48形 1301～1303	キハ40形 2001～2148	キハ47形 1～16・ 17～193	キハ47形 1001～1134	キハ48形 1～6	キハ48形 1001～1004
寒地	酷寒地	酷寒地	暖地	暖地	暖地	暖地	暖地
82	74	82	66	76	80	74	82
34	34	34	30	48	48	34	34
約35.9	約36.6	約36.3	約36.4	約35.6	約35.2	約35.9	約35.6
←	←	←	←	←	←	←	←
←	←	←	←	←	←	←	←
←	←	←	←	←	←	←	←
←	←	←	←	←	←	←	←
3,895	4,055	3,895	4,055	4,055	3,895	4,055	3,895
←	←	←	←	←	←	←	←
20,800(20,806)							
2,900(2,903)							
14,400							
1,210(1,215)							
←	←	←	←	←	←	←	←
片	片	片	両	片	片	片	片
無	有	無	有	有	無	有	無
2							
DT44A(DT44)			DT22D				
TR227A(TR227)			TR51C				
2,100							
密着小型自連							
CLE							
CW750D							
			254×250SO×2				
180×200U×4							
DMF15HSA							
液体式							
DW10							
交流24V／4KVA							
12	13	12	11	13	14	13	12
5	6	5	9	4 (5)	3	6	7
TRK15-12							
4							
24V／355AH							
400							
800							
120							
512/2,300							
800							
95							
1979(昭和54)	1982(昭和57)	1982(昭和57)	1979(昭和54)	1977(昭和52)	1977(昭和52)	1981(昭和56)	1981(昭和56)
新潟、富士重	新潟	新潟	新潟、富士重	新潟、富士重	新潟、富士重	新潟、富士重	新潟、富士重
50	4	3	148	193	134	6	4

図3 DMF15HSA形機関
（上は左側面、下は右側面）

図4 シリンダヘッドの構造図

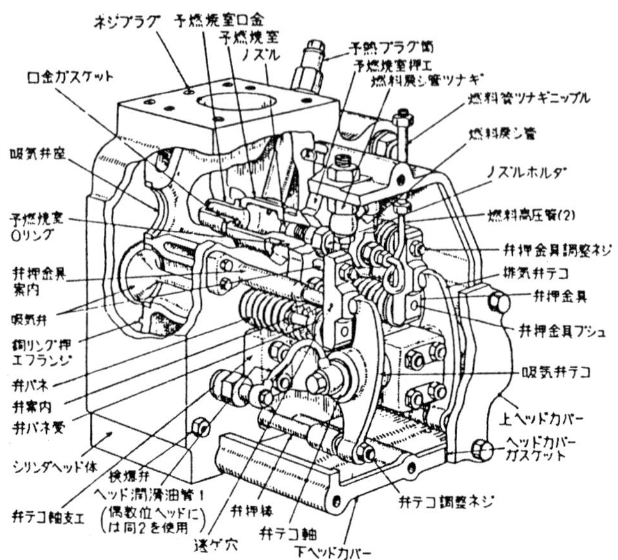

機関

DML30系をベースに実用的な機関を開発

キハ40形はキハ66・67形を基本としており、ディーゼル機関はキハ66・67形の水平対向12気筒のDML30HSHを半分にスケールダウンした横型直列6気筒のDMF15HSAとなった。元々はキハ181系や12系客車のディーゼル発電機に使用されていたDMF15HS-G機関を走行用に設計変更したものだ。

DMF15HSAとは下記の意である。

DM=ディーゼル機関
(Diesel Motor)
F=気筒数(F=6気筒)
15=排気量(15,000cc)
H＝シリンダ行程が横方向
(Horizontal)
S＝過給器付き(Super charger)
A＝改良順序(Aは最初の改良型)

DMF15HSA形機関主要目

形式		直列、横形、単動、水冷、過給
燃焼方式		無気噴射、予燃焼室式
サイクル		4
シリンダ数		6
シリンダ直径(mm)×ピストン行程(mm)		140×160
総排気量(L)		14.8
圧縮比		14
連続定格	出力(PS)	220
	回転速度(rpm)	1,600
	平均有効圧力(kg/cm^2)	8.36
	平均ピストン速度(m/sec)	8.54
実用最高	出力(PS)	250
	回転速度(rpm)	2,000
	平均有効圧力(kg/cm^2)	7.6
	平均ピストン速度(m/sec)	10.65
燃料消費率(連続定格時)(g/ps.h)		約190
最高許シ回転速度(rpm)		2,200
アイドル回転速度(rpm)		600^{+20}_{0}
燃焼順序		1-4-2-6-3-5
回転方向		右回り(機関前端からハズミ車室に向って)
過給方式		副流排気タービン式
潤滑方式		歯車ポンプ圧送式
冷却方式		うず巻ポンプ循環式
始動方式		電気式(24V 7PSモータ2)
機関制御方式		電磁油圧式(最高、最低調速機)
付属機器		CW750D空気圧縮機1 4kVA充電発電機1
機関寸法	全長(mm)	約2,686
	全幅(mm)	約1,880.5
	全高(mm)	約959
重量(乾燥状態)(kg)		約2,720
馬力当り重量(kg/PS)		10.9

図5 DMF15HSA形機関の横断図

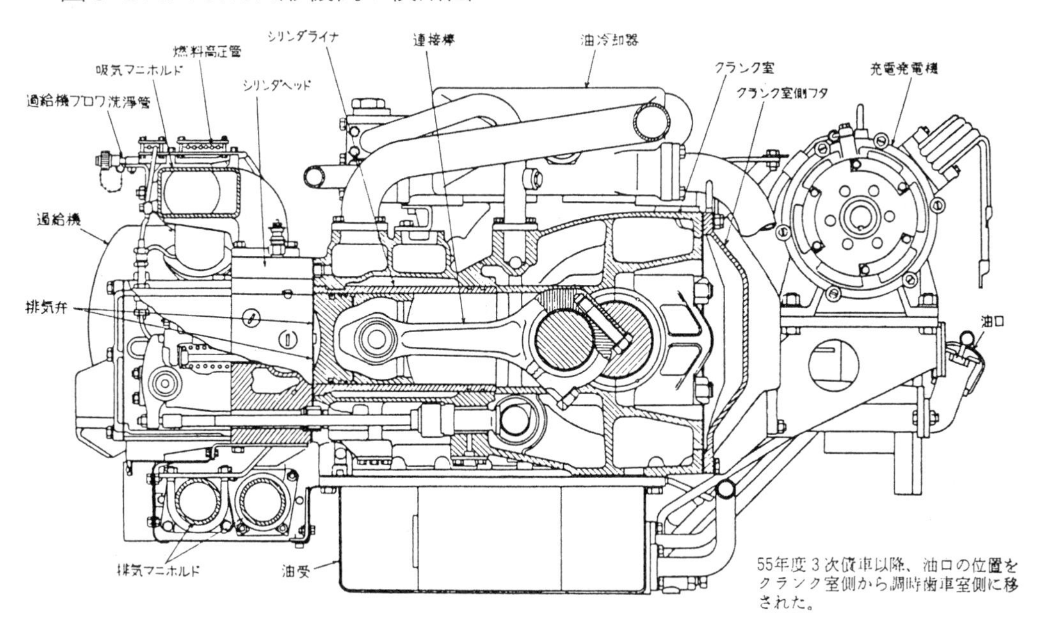

最高出力は250PS(184kW)/2,000rpm、連続定格出力は220PS(162kW)/1,600rpmとなり、従来から使用されてきたDMH17機関の180PS(132kW)に対してパワーアップとなった。設計上の連続定格出力は250PS(184kW)だが、実際には220PS(162kW)と12%の余裕を持った仕様として、故障率の低減を図った。

DML30系ディーゼル機関はキハ181系特急形気動車で本格採用(DML30HSC)されたものだが、高出力を狙ったためトラブルが頻発し、キハ65形で採用されたDML30HSDは改良が施され、キハ40系のDMF15HSAもそれに加えて改良がされている。シリンダヘッド(図4)は一筒一体型でガスケットは銅リングとして、シリンダヘッドのガスケットからの吹き抜け対策を強化した。

ピストン、シリンダライナ、シリンダヘッド、動弁装置(吸排気弁)はDMH30HSHと互換性があるものが使用されている。燃焼室は予燃焼室式で、直接噴射式とはならなかったが、直接噴射式では燃料噴射圧力をより高圧にする必要があるため、キハ40系ではメンテナンス性などを考慮し、時期尚早として採用されなかったのだろう。

図6 クランク室の構造図

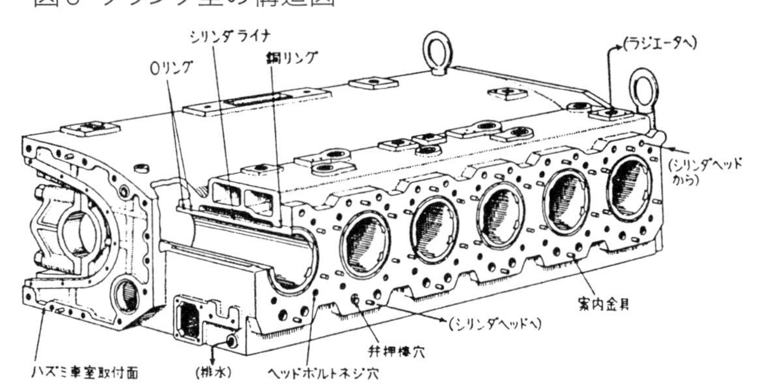

なお、直接噴射式が採用されるのは国鉄末期に登場したキハ37形からで、本格採用は特急形のキハ183系500番代からとなった。

メンテナンスを軽減した燃料噴射ポンプ

従来のものとは異なり、燃料ポンプ本体に点検蓋がない完全密閉式となり、燃料を噴射するプランジャはデリベリバルブなどがアッセンブリを形成したものとなった(図7)。

燃料噴射量の調整もラック式からコントロールロッド式に変更された。ラックとピニオンの噛み合わせではなく、コントロールロッドからボールを介してプランジャと連動されているため、ラックとピニオンの摩耗による影響が少ない方式となっている。コントロールロッドの移動量に連動してプランジャの有効ストロークが変化して燃料噴射量増となる。

燃料高圧管は高圧配管用炭素鋼管が使用され、外径は6mmだが内径は2mmとなっている。燃料噴射圧力を均等とするため、配管長さは2,460mmに統一されている。

燃料噴射ポンプを故障から守る燃料油コシ

燃料噴射ポンプや燃料噴射ノズルは、燃料を高圧で噴射させるため非常に精密に作られている。燃料油にわずかな塵埃などが混ざっているとただちに故障の原因になることから、燃料中の非常に細かい塵埃までも取り除く必要がある。そこで燃料油コシ(燃料油フィルタ)が設けられている(図8)。

燃料油コシは2種類あり、第1燃料油コシはスーパーオートクリーン方式で送油ポンプの手前にある。内部は大小径の金属製コシ板が重なる構造で、燃料はその間を通ることで濾過される。コシ板の周辺に塵埃が付着した場合は、上部のハンドルを回すことでコシ板が回転し、本体側に取り付けられているカキ板によって塵埃を落とす。塵埃はコシ器下部に溜まるので、ドレンプラグを開いて排出することができる。

図7　キハ40系の燃料ポンプの構造図

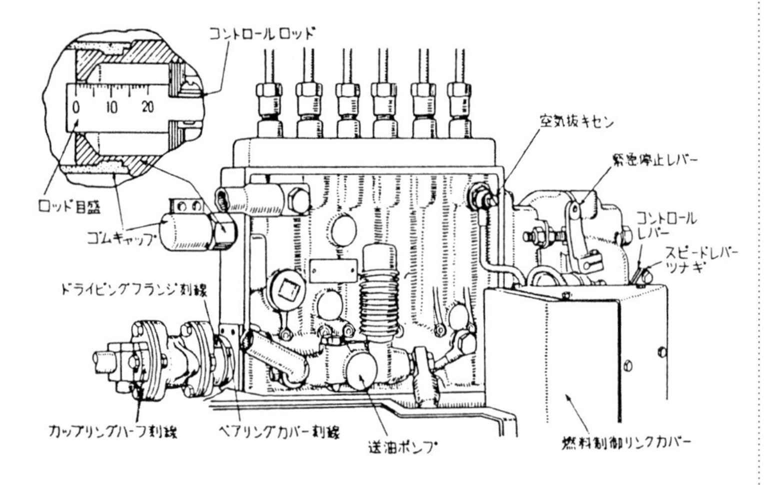

図8　第1燃料油コシ(左)と第2燃料油コシ(右)の構造図

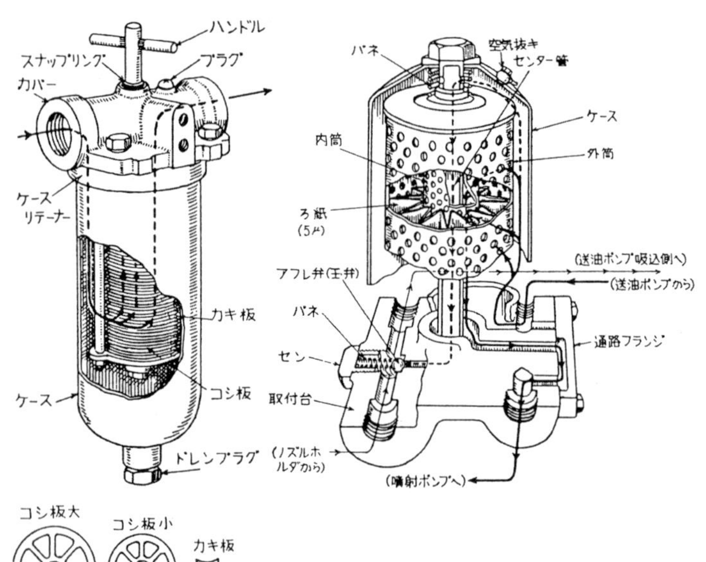

第2燃料油コシは濾過精度5ミクロンの濾紙式のもので、送油ポンプと燃料噴射ポンプの間にある。濾紙が目詰まりするとアフレ弁の作用によって送油ポンプの吸込側に燃料をバイパスさせている。第2燃料ポンプは目詰まりした際には濾紙を交換する必要がある。この燃料油コシの組み合わせはDMH機関とほぼ同じである。

従来車との混結制御も可能な燃料制御装置

従来車と混結制御を可能とするため、DMH機関と同じく3個の燃料制御電磁コイルを用いて制御するが、動作はDMH機関の電磁弁と空気圧を使用したものとは異なり、機関潤滑油の圧力を利用する油圧式となっている。燃料制御電磁コイルの励磁の組み合わせによって油圧シリンダのストロークが変化し、燃料制御リンク装置によって燃料噴射ポンプのコントロールロッドへと伝達されている。この機関潤滑油圧力を利用した方式だと機関潤滑油系統に異常があり油圧が低下した際、燃料制御装置はバネの作用によって機関停止位置となるため、機関は自動的かつ速やかに停止する。

また、燃料噴射時期切換装置があり、燃料噴射ポンプを駆動するタイマ歯車に組み込まれている。機関回転数が1,240rpmになると液体変速機内の回転検出装置の働きによって、電磁ソレノイド弁を作動させ、その油圧によってタイマ歯車をシャフトのスプラインに沿って移動させる。タイマ歯車はねじれ角30°のハスバ

図9 DMF15HSA機関のTB11B過給器の構造図

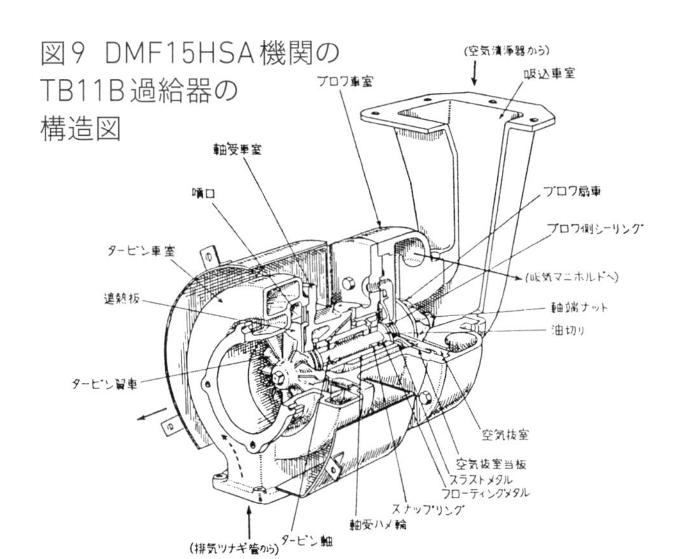

図10 機関潤滑油の油コシの構造図

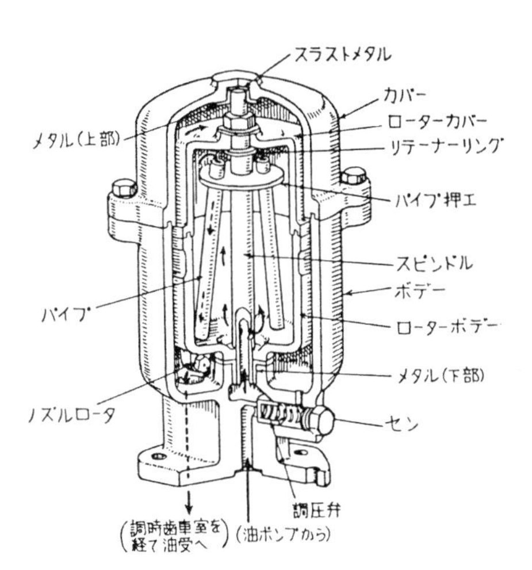

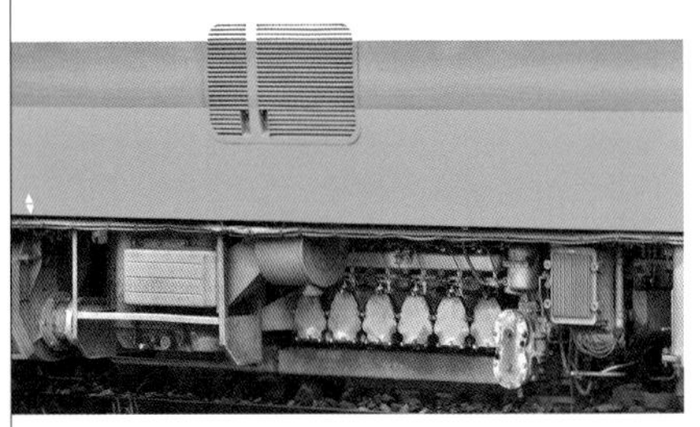
原型のDMF15HSA機関。6個のシリンダヘッド蓋が並ぶ右側に、特徴的な外観の機関潤滑油油コシが見える。横向きの円筒形状のものが遠心式空気清浄器、その左側に空気清浄器がある。キハ40形559号車　小出　2010年7月2日　写真／高橋政士

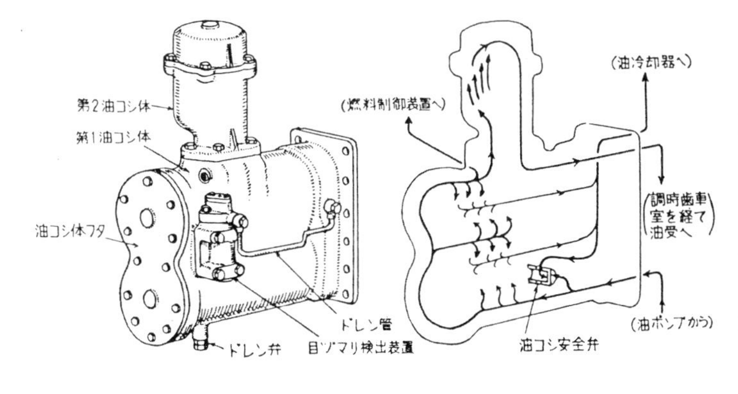

歯車で、これにより燃料噴射時が早くなるようになっている。

コントロールロッドの移動量は、切ノッチ(アイドリング、620rpm)では7.5mm、1ノッチでは9mm、5ノッチ(1,600rpm)では14mmとなる。なお、機関停止は4mm以下で、燃料噴射ポンプにロッド目盛りがあるので、燃料制御リンク装置で調整する。

また、機関が最高回転数を超えないようにする制御と、アイドリングを円滑に維持する制御にはメカニカルガバナが用いられている。

改良された吸排気装置 吸気・排気マニホルド

吸気マニホルドはアルミ合金鋳物一体型で、DMH機関では2気筒分の吸気をひとまとめにしていたが、各シリンダごとに独立して給気する方式となった。過給器(後述)のブロワ室とは振動による影響を避けるためにゴムホースで接続されている。

排気マニホルドはDMH機関とは異なり2分割とされている。これは排気干渉を避けるために第1～3シリンダと、第4～6シリンダを独立させたもので、いずれも排気ツナギ管に接続され、一つにまとめられて過給器の排気タービン室に接続される。

各排気マニホルド、排気ツナギ管は、高温による熱膨張からの逃げを設けるため、ステンレス製のベローズを持つ排気タワミ管によって接続されている。ベローズ内部は、ベローズを高温の排気ガスに触れさせないためと、排気ガスの流れを阻害しないために内筒が設けられている。

機関効率向上のため 過給器を搭載

走行用に使用される国鉄のDMH機関では過給器(ターボチャージャー)は設けられなかったが、過給器を使用した場合、排気ガス圧力によって吸気を圧縮し、より多くの空気をシリンダ内に送り込むことができる。機関重量は3～4%重くなるが、出力は30～50%増しとなり、排気圧力を有効利用することから燃料消費量も5～10%ほど減少する。

キハ40系では機関形式のDMF15HSAが示す通り過給器付き(Sは過給器の意)で、副流空冷排気タービンのTB11B形を採用している(図9)。排気タービンは吸気を圧縮するブロ

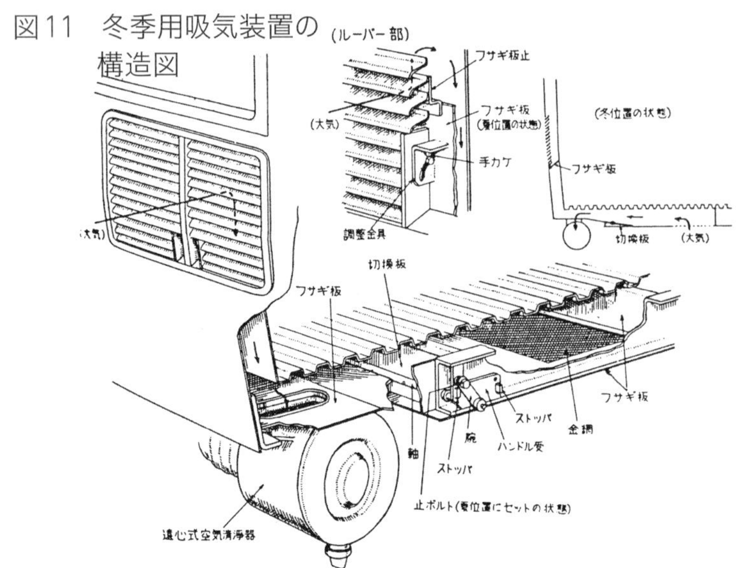

図11　冬季用吸気装置の構造図

2-4位側面の腰板部に設けられた車体側面の吸気口。キハ40形2000番代は不等分割タイプで冬季用吸気装置がなく、フサギ板の調整用手掛けがない。機関換装後は使用停止となっている。床下には機関換装に伴って移設された油冷却器がある。五井機関区　2022年9月22日　撮影協力／小湊鐵道

機関換装後の遠心式空気清浄器は、オリジナルのものに比べて大容量のものとなっている。その真上に吸気フィルタが設置されている。左へ伸びる配管は機関横にある過給器へと導かれる。この部分は機関換装に伴って大きく変化した箇所。五井機関区　2022年9月22日　撮影協力／小湊鐵道

ワとシャフトで直結されており、高速で回転することから軸受にはフローティングスリーブ軸受という特殊な平軸受けが用いられる。これは内側に軸受メタルのあるパイプ状のスリーブをシャフトにはめてあり、そのスリーブが過給器本体との軸受メタルの間に入ってシャフトを支えている。

35,000rpm付近まではシャフトとスリーブの間で回転するが、それ以上となるとスリーブと過給器本体の間でも滑り運動が始まり、相対スベリ速度を低くして軸焼けを防いでいる。最高回転数は75,000rpm。最高許容温度は750℃となっている。潤滑油は機関潤滑油を使用し、潤滑と冷却を行う。

フローティングスリーブ軸受の呼び名が示す通りシャフトとスリーブ、過給器本体の間に隙間があり停止状態では多少のガタがあるのが特徴で、その間に潤滑油が入ることにより、高速回転しても焼き付くことはない。また、ブロワー室に洗浄管をあらかじめ設置し、分解せずに在姿状態での洗浄を可能とした。

潤滑と冷却を担う機関潤滑油

内燃機関は回転部分が多くあり、潤滑と冷却のために機関内に潤滑油を常に循環させている。DMF15HSAでは過給器や充電発電機の潤滑も行っている。

機関停止中に潤滑油は機関下部の油受(オイルパン)にあり、機関運転中は潤滑油ポンプ(ギアポンプ)によって油受から吸い上げられ、金属粉やスラッジなどの汚れ分を除去するため第1油コシを経て、油冷却器で冷却されて機関各部の潤滑と冷却を行っている(図10)。

第1油コシは濾紙を使用したもので、濾紙に不純物が蓄積すると目詰まりを起こすため、安全弁と目詰まり検出装置が設けられている。目詰まり検出装置は第1油コシの入口と出口の圧力差によって、目詰まり検出棒が突き出ることで目詰まりを目視で確認できる。完全に目詰まりした場合の吐出量は10㎜となる。

また、第1油コシに併設する形で第2油コシも設けられている。第2油コシはグレーシャ型と呼ばれる遠心力を利用したもので、内部に回転するロータがあり、潤滑油圧力によって回転し、不純物などはロータ内に堆積するため、不純物の堆積によって油コシが目詰まりすることはない。動作にある程度の油圧が必要となるので、第2油コシを通った潤滑油は油受に戻される。

油受には油ザシ(油面ゲージ)が差し込まれていて「ウンテン」と「テイシ」の陽刻と、最高位置と最低位置の刻線があり、運転中と停止中のそれぞれの油面を確認できる。停止中の潤滑油量は最高位置で88ℓ、最

図12 排気管装置の構造図

右が過給器の排気タービン室になる。小湊鐵道のキハ40形は機関が換装されているが、排気装置の構成に大きな変化はない。

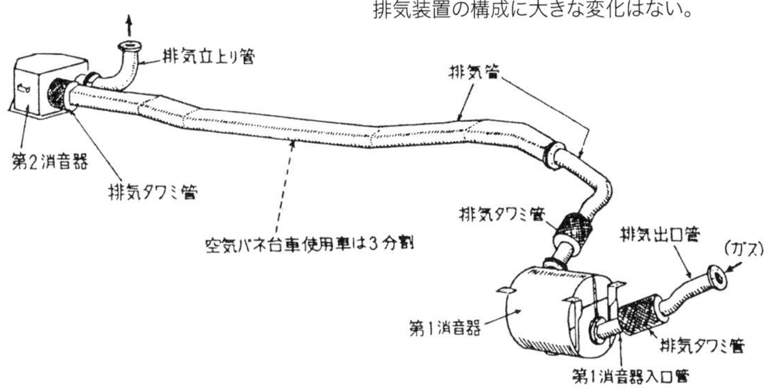

過給器の排気タービン室(中央)から第1消音器(左)へと至る排気タワミ管。

1位床下にある第2消音器。ここから屋上へ排気管が立ち上がっている。五井機関区 2022年9月22日 撮影協力/小湊鐵道(4点とも)

2位側の外観からも存在感のある第1消音器。

第1消音器(左上)から第2消音器(左下)へと渡される長い排気管。下を横切るのは推進軸で、JR時代にATS-PSを装備した車両にはここにATS-P車上子がある。

低位置で72ℓとなっている。

油冷却器は機関上部に取り付けられていて、内部は4層となり、機関潤滑油と変速機油が冷却水と熱交換する構造となっている。機関換装後は取り付け位置が変更されている(22ページ右の写真参照)。

機関運転に欠かせない吸気管装置

機関運転用の空気の取り込みは、車体腰板部に設けられたルーバから行われる。車体側面に吸気口があるのは、地面付近にあると塵埃を吸い込みやすいためである。なお、酷寒地、寒地向けについては、雪氷による側面のルーバ閉塞の可能性があるので、冬季用吸気装置を床下の機関上部に設けてあり、冬期間はこちらからのフサギ板を開放しておく。

側面空気取入口の閉塞の恐れがある場合には、側面ルーバにある切換用手掛けを操作して、内部のフサギ板を冬位置にすることで、積雪時は冬季用吸気装置からの吸気量を増やすことができる(図11)。このため側面ルーバは酷寒地、寒地向けでは2分割されたような形状となり、分割された下部に切換用手掛けがあるため、暖地向けとはルーバ形状が異なる。冬期間以外は冬季用吸気装置側のフサギ板を閉鎖しておき、床下から塵埃を多く含む空気を吸い込まないようにしている。

吸気された空気は遠心(サイクロン)式空気清浄器と油槽式空気清浄器を通過して塵埃を除去する。遠心式空気清浄器は空気中の大きな塵を捕集するためのもので、遠心力を利用して塵を分離するものだ。横向きの円筒形状をしており、下部には自動排出器がある。自動排出器はゴム製でくちばし形状をしたもので、機関運転中に空気清浄器内が負圧になっていると先端を閉じ、停止して圧力差がなくなると先端が開いて溜まった塵を排出する。

遠心式空気清浄器で大きな塵を取り除いた空気は、油槽式空気清浄器でさらに細かい塵を除去する。下部には油受があって、油面に空気を当てることで塵を除去。さらに下濾過体と上濾過体を通ることで清浄な空気となって過給器のブロワ室に送られる。

図13　冷却水及び暖房回路ツナギの概念図(片運転台車、寒地向け)

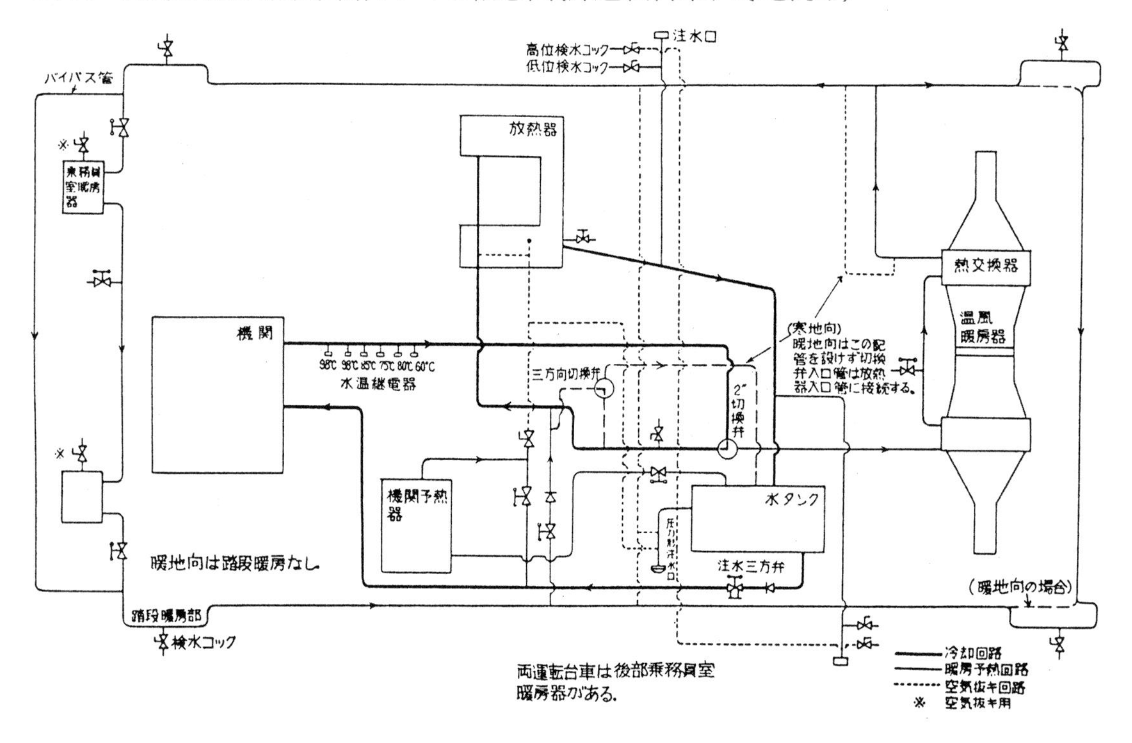

DMH機関では遠心式と油槽式を一体とした空気清浄器が用いられていたが、キハ40系では自動排出器が付いた遠心式空気清浄器を別体とすることで、メンテナンス間隔を延ばす工夫がされている。

機関換装後は吸気口にエアフィルタを設け、その次に大型の遠心式空気清浄器を設置して、メンテナンスの手間が掛かる油槽式空気清浄器を廃止した。

排気管装置と二重に設けられた消音器

過給器の排気タービン室から出た排気ガスは、排気タワミ管を経て大きな第1消音器に送られる(図12)。第1消音器からは長い排気管を経て第2消音器へと送られるが、この排気管の前後は熱膨張と振動の影響を避けるため排気タワミ管によって接続されている。なお、この第1～第2消音器間の排気管は、台車がDT44のものとDT22Dのものでは枕梁の形状が異なるため形状が異なる。

1位床下には小さめの第2消音器があり、そこから屋上へ向けて排気管が立ち上がっている。大小の消音器があるのは、第1消音器で低周波の音を減少させ、第2消音器で高周波の音を減少させるためだ。

機関と変速機を冷却する冷却水装置

機関上部に油冷却器があるため、冷却水装置はDMH機関とはだいぶ印象が変わり、放熱装置から油用放熱器素がなくなり水用のみとなった。これは後述の暖房器採用の影響もあった。

機関周りの冷却水は水タンクから水ポンプによって圧送される。水ポンプはクランク軸歯車から、第1遊ビ歯車を経て1.2倍に増速されて回転する渦巻ポンプで、冷却水はまず油冷却器に送られ機関潤滑油と変速機油を冷却する。そこからクランク室に入って各シリンダライナの水室を冷却、再びクランク室に戻ったあとは冷却水出口管から放熱器へと送られ、冷却後に水タンクに戻る。冷却水タンクは冷却水配管に空気が混入しないような構造となっている。水ポンプからは、冷却水回路は二手に分かれ、一方は空気圧縮機を冷却して、機関冷却水出口管へ接続する並列回路となっている。

冷却水と配管が一体の温風暖房器

キハ40系は冷却水を利用した温風暖房器(31ページ)を採用しているので、冷却水配管は暖房用配管と一体となっている(図13)。冬期間は機関冷却水出口管から放熱器へ至る配管の途中にある2"切換弁(二子三方コック)のハンドルを取り扱い、放熱器への冷却水の流れを変更し温風暖房器の熱交換器へと切り換える(図14)。

熱交換器を経た冷却水は前後二手に分かれ、それぞれの運転台の暖房に使用されるほか、寒地向けでは出入台階段部分の暖房に加え、酷寒地向けではジャンパ連結器栓受け、栓納めの凍結防止用配管が分岐している。

二手に分かれた暖房用配管はそれぞれ車両を半周して再び合流し、三方切換弁を経て放熱器を経由して水タンクへと戻る。三方切換弁は酷寒地、寒地向けに装備されるもので、厳冬期に放熱器によって冷却水が過冷却されるのを防ぐため、暖房使用中や冷却水温度が75℃以下である場合などの条件が整うと、三方切換弁に内蔵されたシリンダにエアを送り、冷却水を放熱器を経由せずに水タンクへと戻す役割を持っている。この時、直径15mmのバイパス用銅管によって放熱器に冷却水の流入は続くので、放熱器が凍結する恐れはない。暖地向けには三方切換弁がなく、よってバイパス管も取り付けられていない。

また、暖房使用時に長時間停車などで冷却水温度が低下した際は、機関予熱器によって冷却水を保温している。

機関冷却水を冷却する放熱装置

放熱器は油冷却器によって変速機油も水冷としていることから、DMH機関であった変速機用の放熱器素はなく、水の放熱器素のみとなったことがDMH機関用と大きく異なる。

放熱器素は全部で11本あり、冷却水は上水室から入り、冷却された後、下水室から水タンクへと戻る。放熱器にはプロペラ型送風機(図15)があり、冷却水温度が85℃に達すると水温継電器からの指令によって電磁弁が励磁、エアをコントロールバルブに送り込んで動作させる。すると、流体継手(構造としては、液体変速機の変速機能がないものと思ってよい)に作動油が送り込まれ、機関動力を利用して送風機のファンを回転させる。

水温が75℃に低下すると、逆の動作で流体継手から作動油を抜く中立位置とすることで送風機への動力を断っている。停止位置でないのは機関の回転が続いている限り流体継手の入力側は常に回転している状態であり、潤滑と次の運転に備えて油ポンプは運転を続けているためである。

なお、電気系統の故障などによりコントロールバルブが作動しない時には、手動でコントロールバルブを操作してファンの運転が可能となっている。

送風機の駆動は一見するとVベルトを3本使用しているように見えるが、Vベルトではなくベルトの内側に凹凸(コグ)が付けられているコグベルトが使用されている。従来のVベルトに比べてプーリへの密着性が良くスリップが少ない。また疲労切断が少ないという利点がある。

図14　暖房時の冷却水路のフロー図

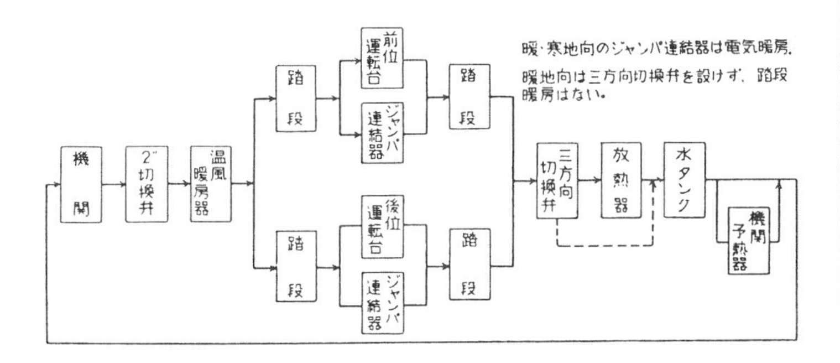

図15 放熱装置の送風機の構成図

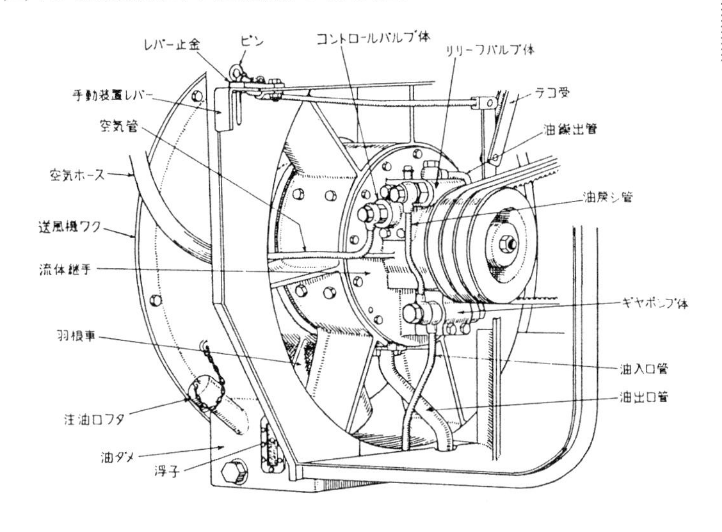

放熱装置にある冷却ファン。コグベルトが掛かるプーリーまでは機関運転中は回転している状態で、プーリの左が流体継手になる。

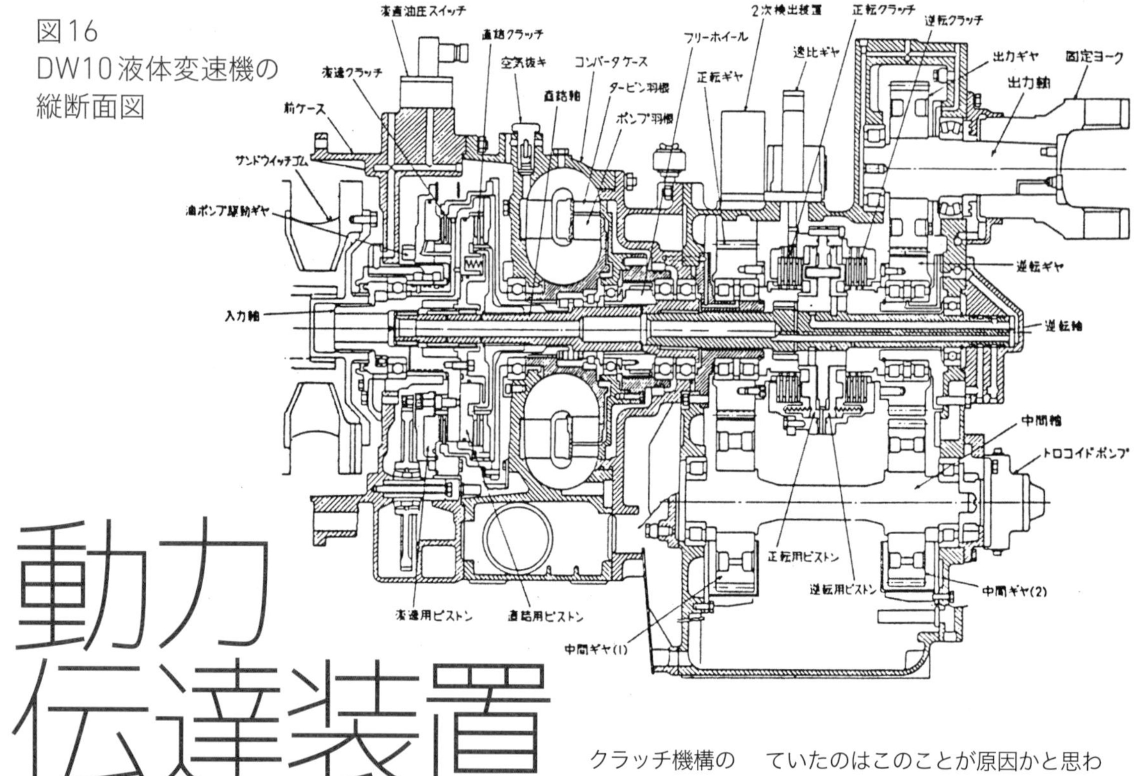

図16
DW10液体変速機の縦断面図

動力伝達装置

変速機や逆転器、推進軸などの動力を伝える装置

気動車の要となる液体変速機は、キハ66・67形で使用するDW9を基本として設計されたDW10で、DMH機関搭載車のTC-2、DF115系に対して逆転器を液体変速機に組み込んでいる点が大きく異なる。重量のある逆転機が動軸にないことから、バネ下重量の軽減にもなっている。

液体変速機自体の構成は従来と大きく変わりはなく、入力側となる機関側から、クラッチ、コンバータ、フリーホイールを経て逆転器に至る(図17)。

DW10はTC-2、DF115系と同じく常時充油式(キハ65形のDW4は充排油式)を採用している。変速機油の冷却は油冷却器によって機関冷却水と熱交換しているため、放熱器には油用放熱器素がなく、変速機油の配管類の減少によるメンテナンス性向上が図られている。

クラッチ機構の構造は、複雑だが動力伝達性がより確実な湿式多板摩擦クラッチを採用しており、動力を伝達しない中立位置と、コンバータのポンプ羽根への動力伝達を行う変速位置、コンバータを経ずに機関側と推進軸を直結する直結位置へと動力伝達系統を切り換えている。

この変速・直結切換動作は入出力軸の回転速度を比較して切り換えを行うが、従来車との混結を考慮して手動操作自動切換式となっている点が、DMH機関搭載車と大きく異なるところだ。

TC-2、DF115系では運転台で変速→直結操作を行うと、それに応じて直結段に切り換わったが、DW10では入力側と出力側の回転数を比較する速度比検出回路があり、速度比(推進軸回転数÷機関回転速度)が0.915となった時に直結段へと切り換わる。

従来車と混結した場合、変速→直結操作のタイミングによっては衝動を生じることがあり、キハ40系登場当初に「乗り心地が悪い」と言われていたのはこのことが原因かと思われる。昭和55年度3次債務車(※)からは、直結投入時のショック軽減のため回転検出装置の変更が行われている。

※昭和55年度3次債務車
キハ40形　241・593・2132号車
キハ47形　171・1117号車
キハ48形　4・552・1543号車

コンバータはTC-2、DF115系の3段6要素から、1段3要素となっている。変速機油は循環用ギアポンプによって強制的に循環され、コンバータ内の圧力が常に保たれるように出口側に調圧弁を設けて空気が混入しないようにしている。コンバータから出た変速機油は油冷却器を経て油タンクへと戻る。

フリーホイールは推進軸側から液体変速機のタービン羽根を回転させないために設けられているもので、簡単に説明するなら自転車の後輪からペダルを回さないようにしている機構と同じである。ただし伝達される動力が桁違いに大きいので、コロを利用した構造となっている。

図17 キハ40系の動力伝達装置の構成図

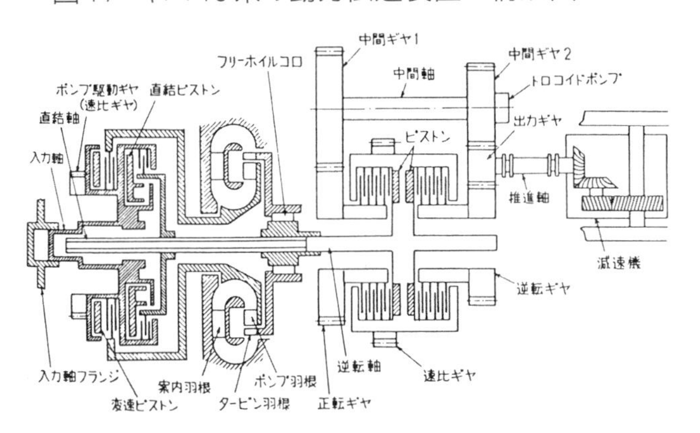

図18 減速機軸歯車の構成図

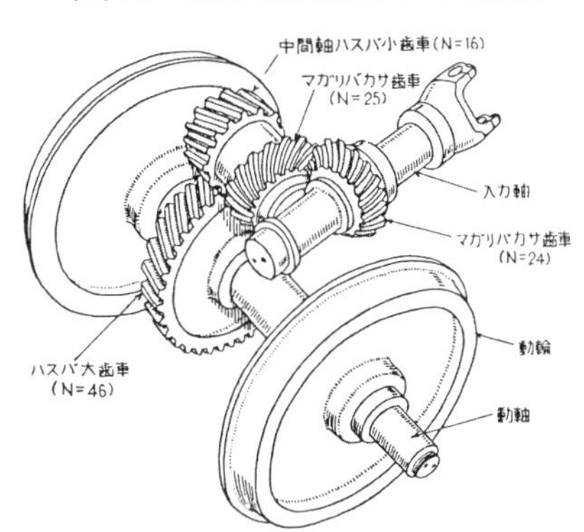

液体変速機と一体となった逆転機

逆転器には正転ギアと逆転ギアがあり、それぞれが中間ギアが噛み合って常に回転しているが、クラッチ機構によって正転ギアか逆転ギアを選択することによって正転・逆転を選択する。逆転器からは推進軸を経て動軸に設けられている減速機に動力が伝えられる。なお、正転とは推進軸が機関回転方向と同じ回転で、逆転は機関回転方向と逆向きになることをいう。

逆転器クラッチ機構も同じく湿式多板式を採用。DMH機関搭載車の逆転器は動軸に架装されていて、向かい合ったカサ歯車の間にある小歯車が横移動して、反対向きに回転するカサ歯車の側面と組み合わさって動軸の回転方向を変える構造となる。この際、逆転器の動作に反して噛み合わないことがあるため、補助噛み合わせ機構が備え付けられていたが、DW10のギアはすべて噛み合った状態で、クラッチによって切り換えるためそれは必要なくなった。

推進軸はキハ66･67形と共通の高出力対応型

推進軸はキハ66・67形に使われているものと同じ、許容トルク900kgm(91.8Nm)のものを使用している。

キハ66・67形のDML30HSHに対してDMF15HSの機関出力は約半分でオーバースペックとも取れるが、部品の共通化が図れることから採用されたものと思われる。さらに機関出力に対して余裕を持つことで故障率の低減も図られたものと思われる。

後の機関換装で出力がアップした際にも、ほとんどがそのまま使用できた。

2軸駆動のキハ65形と同じ構造の減速機

減速機はGB122で、2軸駆動のキハ65形の第2減速機に使用されているものと構造的には同じであるが、取り付け方法が異なっている。入力軸は逆転器から見てやや左にオフセットされている。これは元々2軸駆動のキハ65形では推進軸が貫通する台車枕梁の干渉を避けるためにオフセットされていたためだ。

入力軸にはマガリバカサ歯車(スパイラルベベルギア)があり、一旦、入力軸から直角方向の中間軸に伝達されたあと、中間軸ハスバ小歯車から、車軸にあるハスバ大歯車へと伝達されている(図18)。

減速機箱は動軸を挟み込むように上下に分割されている。下箱は油ダメとして給油口があり、その隣に磁気栓が取り付けられている。磁気栓は歯車が削れて発生した鉄粉を回収できる。

小湊鐵道キハ40形5号機の液体変速機。機関はJR東日本在籍時にカミンズ製DMF14HZに換装されているが、液体変速機は落成時のDW10を使用する。
❶ 2位側(右が機関)
❷ 1位側(左が機関)
❸ 正面(上が推進軸。見えているのは逆転機部分で、逆転機電磁弁がある)
❹ 推進軸(左が変速機)
五井機関区　2022年9月22日
撮影協力／小湊鐵道(4点とも)

台車

酷寒地・寒地向けは新設計の空気バネ台車

台車は、酷寒地向けと寒地向けには空気バネを採用したDT44・TR227が新設計され、暖地向けには従来型のコイルバネのDT22D・TR51Cが採用された。

DT44・TR227は耐寒耐雪構造を強化するために採用となったもので、コイルバネではバネに雪氷が詰まってバネ作用が低下するため、それを避けるために空気バネとしたものだ。

当初は軸箱支持装置がペデスタル式だったが、軸箱守の摺動(しゅうどう)部分をなくすためと、制輪子交換を容易にするため台車枠の形状を変更し、軸箱支持装置を乾式円筒案内式（シュリーレン）のDT44A・TR227Aに変更(図19)。サフィックスでこれだけ外観の違う台車も珍しい。コイルバネはゴムで被覆したエリゴバネとしている。エリゴバネはバネ間に雪氷が入り込むのを防ぐと同時に、オイルダンパのような減衰機能も備えている。

基礎ブレーキ装置は、DT44・TR227はブレーキシリンダが台車装架となり、片側で独立したものとなっている。制輪子は片押し式で、前後の制輪子間には自動スキマ調整装置が設けられている。

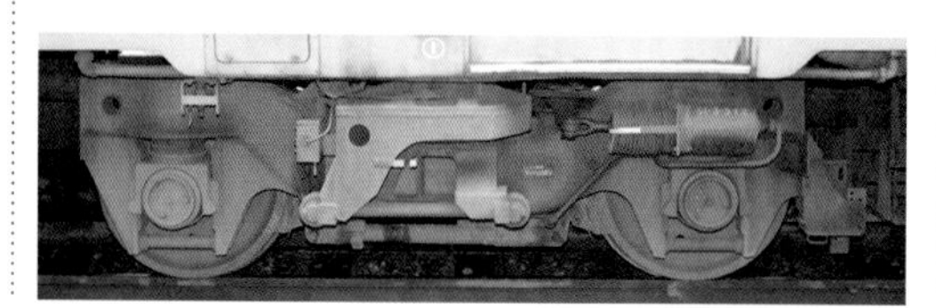

キハ40形101～116・501～520号車、キハ47形501～505・1501～1505号車の46両のみに採用されたDT44台車。軸箱支持装置が大きく異なる。
写真／高橋政士

図19 DT44A形台車の構造図

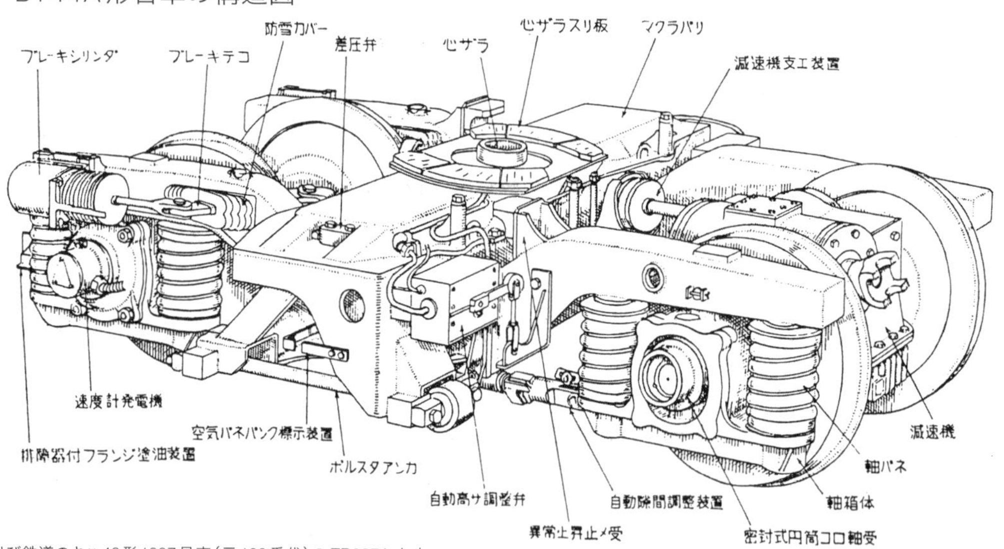

道南いさりび鉄道のキハ40形1807号車（元100番代）のTR227A台車。軸箱のコイルバネもゴムで被覆されたエリゴバネとなっている。函館運転所 2020年3月17日　撮影協力／道南いさりび鉄道

台車の主要諸元

	DT44A	TR227A	DT22D	TR51C
軸距(mm)	2,100	2,100	2,100	2,100
軸受中心距離(mm)	1,600	1,600	1,600	1,600
車輪直径(mm)	860	860	860	860
台車最大長(mm)	3,323	3,323	3,194	3,194
台車最大幅(mm)	2,656	2,656	2,535	2,535
空車時心皿高さ(レール面上)(mm)	932	932	972	972
1台車重量(kg)	6,240	5,400	5,800	4,960
バネ上重量(kg)	830	830	500	500
バネ間重量(kg)	2,430	2,370	2,210	2,210
バネ下重量(kg)	2,980	2,200	3,090	2,250
	寒地・酷寒地向け		暖地向け	

暖地向けは従来型を改良したコイルバネ台車

DT22D・TR51C(図20)は従来型気動車と同じものだが、キハ40系では側梁内部が補強してあり、DT22Dの横梁には減速機受けがあって構造が異なっている。TR51Cの側梁には応荷重装置の測重弁取付座が設けられている。

DT22D・TR51Cの基礎ブレーキ装置は、ブレーキシリンダが従来型と同様に台車ごとの車体装架になっているが、応荷重装置が取り付けら

図20 DT22D形台車の構造図

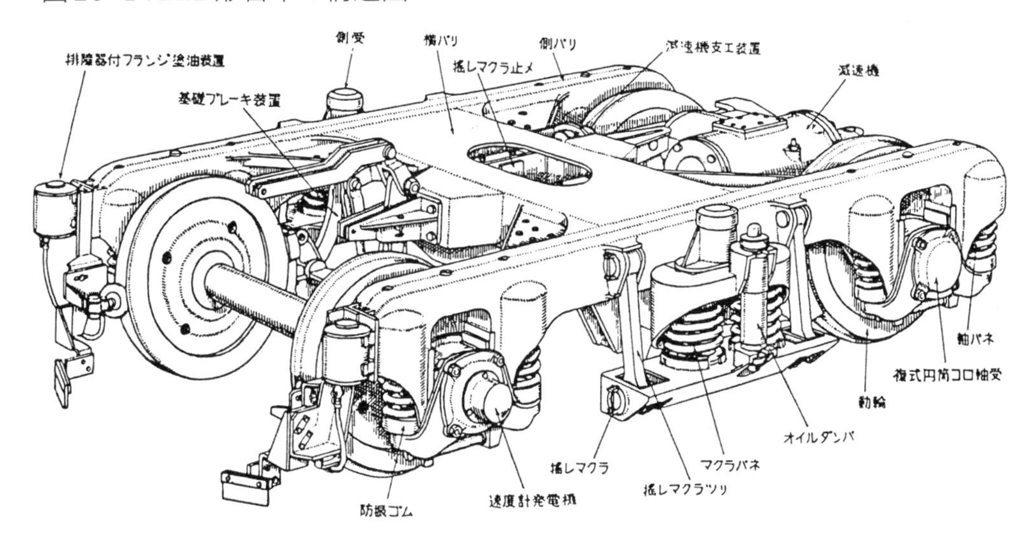

小湊鐵道のキハ40形5号車(元2000番代)のDT22D台車(下)とTR51C台車(右)。暖地向けでは、一般形気動車で標準的なコイルバネ台車の改良型となった。五井機関区 2022年9月22日 撮影協力/小湊鐵道(2点とも)

れている関係でブレーキ力が従来よりも大きくなることから、ブレーキテコ、ブレーキ梁が変更された。こちらもブレーキ梁間に自動スキマ調整装置があるが、従来車に改造で取り付けたものと異なるため、混同しないように取り付けられない構造となっている。

在来車との制御も可能な空気ブレーキ装置

ブレーキ装置はキハ66・67形とほぼ同一のCLE空気ブレーキ装置となった。ブレーキ制御装置はC26Aとなる(図21)。従来のA制御弁を使用する二圧式DAブレーキ装置に比べて、三圧式のKU-1B制御弁となったことで、ブレーキ操作に対する応答性が良く、ブレーキ制御範囲の拡大、ブレーキ不緩解の防止などブレーキ装置の性能が向上した。応荷重装置が設けられたことで、旅客の増減によって自動的にブレーキ力を調節する機能が備わる。

また、電磁給排弁を設けることで、キハ58系のDAE空気ブレーキ装置と同じく、ブレーキ弁の操作によって各車で一斉にブレーキ管の減圧と込めを行え、空走時間や緩めの時間短縮、列車の衝動などを緩和する仕組みとなっている。

元空気ダメには空気配管への水の侵入を防ぐため自動ドレン排出弁が設けられ、弁類も従来の金属滑り弁からゴム製の膜板、ベロフラム、板弁などに変更して複雑な構造と調整をなくし、メンテナンス性向上を図っている。

ブレーキ弁は保チ作用を従来のようにブレーキ弁でユルメ管を閉塞する方式ではなく、保チ電磁弁の作用によって行われることから、その接点を持つME23Cに変更している。

また、直通予備ブレーキを新たに採用することで、運転台にあるスイッチの操作によって従来のブレーキとは無関係に、直通予備空気ダメのエアを複式逆止め弁を介して直接ブレーキシリンダに送り込むなど、空気ブレーキの多重化を行っている。

なお、CLEのCは三圧式制御弁を使用していることを表し、Lは応荷重装置付き、Eは電磁給排弁を使用していることを表す。このブレーキ装置から電磁給排弁をなくすと、24系寝台客車とほぼ同じブレーキ装置となる。

従来車との混結運転も可能としているのは、1両単位で運用される気動車の宿命でもあるが、機関や液体変速機の制御方式、空気ブレーキ装置など、新機軸の技術を導入しつつも、従来の運転方法で混結運転を可能とした設計は見事ともいえる。

図21 C26A制御装置の展開図

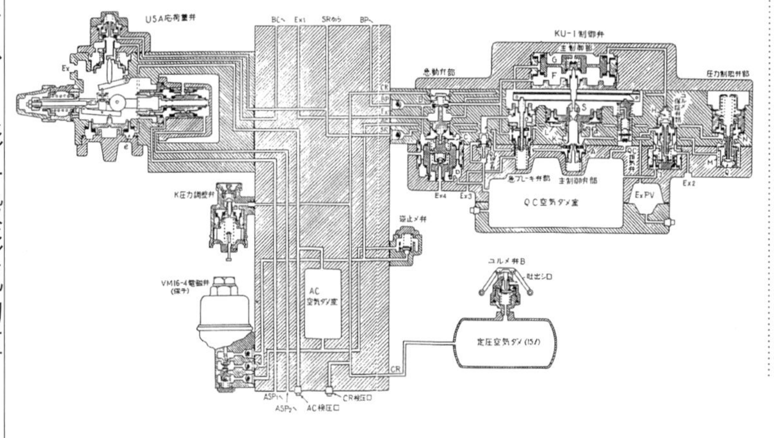

その他機器

駆動方式を大きく変えた4kVA交流発電機

蓄電池の充電など、車両で使用される電力をまかなうための交流発電機。従来型の交流発電機ではスリップリングを有していたが、ブラシレスとなっている。駆動方法は、従来のVベルトによる駆動から大きく変わり、クランク軸から歯車による駆動となってVベルトを廃止し、メンテナンス性向上が図られた。発電機回転数はクランク軸に対して2.26倍増速されて、アイドリングなど低速回転中でも一定の発電量が得られるようにしている。同時に潤滑油も、機関潤滑油の一部を分流して使用するようにした。

形式は初期落成分ではDM99Aだったが、冷却方式が発電機内から吸出方式で、吸気フィルタの目詰まりによって負圧が生じ、潤滑油漏れが発生したため、昭和53年度3次債車(※)以降では冷却方式を押込型に変更したDM99Bとなった。

なお、機関換装後は充電発電機が別体となったため、冷房装置用コンプレッサと同一枠に架装され、送風機駆動軸に設けられたプーリからVベルトによって駆動されている。

※昭和53年度3次債車
キハ40形　147・554・2042号車
キハ47形　90・1057・520・1519号車
キハ48形　1・531・1530号車

始動電動機

形式はMH130Dで、構造的にはDMH機関用のMKK型と同様だが、ピニオンを噛み合わせるマグネットスイッチなどの構造が変更されている。

空気圧縮機

寒地向けが空気バネを使用していることから、DMH機関1台搭載車のC600よりも容量をアップし、全車共通としている。

DMH機関搭載車のようにVベルト駆動ではなく、機関に直接取り付けて圧縮機駆動用の歯車から直接動力を得る3気筒のCW750Dとなった。回転速度はクランク軸の0.82倍としている。また、冷却も機関冷却水と共用としている

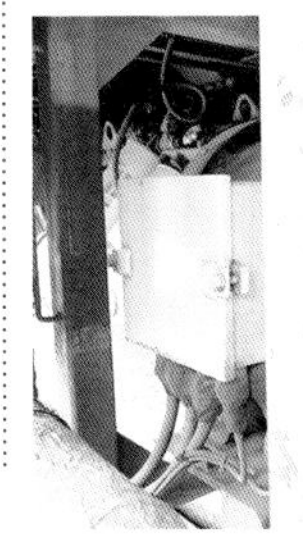

2-4側、接触器箱2位寄りの充電調整装置裏側に設置された充電発電機。冷房化に伴って容量の大きなものに換装されている。反対の3-1側には冷房装置用コンプレッサがある。

客室設備

温風暖房装置

キハ40系では新製時には冷房は取り付けられなかったものの、新方式の温風暖房装置が採用された。24ページで述べた通り、冷却水を利用し、床下に2基設置された熱交換器で空気を暖め、それを暖房に使用する。暖房容量の増大によって、冬期の車内換気も可能となっている。

2基設置された熱交換器は後位台車から3,670mm車体中央寄りに設置されており、同形状だが車体中央線に対して線対称の形状をしており、電動送風機の回転方向は逆向きとなっている。ここから立ち上がり風道によって車内に入り、車内両側の床上部分に設置された床上風道に温風を送る。立ち上がり風道は客室中心にはないため、床上風道には前後の風量を調節するための案内板がある。温風は運転室と便所、寒地向け車では出入台にも送気される。

客室は座席下にある温風吹出口から吹き出して車内を暖めたあと、熱交換器上部の還気（リターン）風道から吸い込まれ、床下の熱交換器へと戻る。熱交換器入口では、車体腰板外部に設置されている新鮮外気取入口から外気を吸い込んで、リターン空気と混合して熱交換器で暖められて再び暖房に使用される。厳寒期には運転室からの操作で新鮮外気取入口を締め切ることも可能だ。

しかし、新鮮外気を取り入れることで客室内の換気ができることと、客室内が正圧になることで隙間風等の流入を少なくして客室内の保温性を向上させた。冬期間キハ40系の評判が良かったのも、この暖房装置によるところが大きい。

天井に設けられた還気（リターン）風道の吸気口。函館運転所　2020年3月17日
撮影協力／道南いさりび鉄道

戸閉め機械

客用扉が片開きのキハ40・48形はTK105形、両開きのキハ47形はTK106Aを使用している。どちらもキハ40系の前に開発されたキハ45系に採用されたものと同じ直動式の戸閉め機械で、両開き用のTK106Aは片開き用のTK105を背中合わせに接合したような形状となっている。

半自動操作が可能で、エアシリンダの両側を大気に開放できるように電磁弁があり、手動で軽く扉を閉じることができる。

燃料タンクの隣に設置されている熱交換器。車体側面にあるルーバーは新鮮外気取入口、床下のダクトは、奥側が新鮮外気（フレッシュ）で、色の違う手前側が客室内からのリターンである。右の円筒形のものはシロッコファンで、車体中央寄りにある熱交換器へ新鮮外気とリターンを混合した空気を送り込み、暖められた空気はファン上部のダクトを通じて客室内床上に設けられた温風ダクトへと送られる。キハ40系で特徴的な床下機器の一つ。五井機関区　2022年9月22日　撮影協力／小湊鐵道

キハ20系とキハ40系の間に存在したキハ45系

北海道用の片運転台、キハ46形3号車。車体側面は片開き2扉になる。奥はキハ40形100番代で、車体断面の違いがよく分かる。新十津川 1983年9月9日　写真／児島眞雄

COLUMN

正式には系列ではないが、一つのグループとして便宜的にこう呼ばれる。キハ20系を近代化させたもので、走り装置はキハ35系通勤形気動車のDMH17H横型機関を採用。車体は2扉で、両開き扉をキハ20系と同じように車体中央寄りに設置したスタイルだ。

1台機関で両運転台付き本州用のキハ23形、片運転台付き本州用のキハ45形、2台機関付きのキハ53形の3形式が本州向けで、寒地向けは500番代。北海道用は片開き扉で出入り台付きで形式が異なり、両運転台付きのキハ24形、片運転台付きのキハ46形の計5形式が存在した。

前面はキハ58形モデルチェンジ車のようなパノラミックウィンドウだが、車体幅は裾絞りのない2,800mmで、キハ40系ほど運転台が高い位置にないので、前面窓と貫通扉の窓は同じ高さに並んでいる独特の風貌を持つ気動車だ。キハ40系登場後はその近代的なスタイルに比べて、前面窓上部が間延びしたように見え、野暮ったいスタイルに見えてしまった。

1966（昭和41）年から1969（昭和44）年にかけて製造されたが、総数は179両とあまり多くはなく、注目されることも少なかったが、両開き2扉車という車両は電車では417系交直流近郊形電車が登場するまで存在しなかったため、そういった意味では珍しがられた気動車だった。

キハ47形が登場すると時折混結されていることもあり、乗り込んでみると冬は暖房の効きが今一つでがっかり、ということも多かったが、ユニークで忘れがたい気動車である。

第2章

キハ40系の形式と番代

キハ40系にはキハ40形・47形・48形の3形式があり、酷寒地型・寒地型・暖地型の3つの仕様を番代で分類している。形式ごとに各仕様を解説するのが一般的だが、本稿では仕様を軸に3形式を交えて紹介していく。形式図を調達できたものは合わせて掲載した。後半ではJR6社の改造車についても取り上げるが、程度や内容が多岐にわたるため、代表的なもののみとさせていただいた。

キハ40系の新製形式

酷寒地向け

北海道用に耐寒耐雪構造を強化し、客室窓に二重窓を装備したグループ。
キハ40形100番代とキハ48形300・1300番代の合わせて157両が製造された。

キハ40形100番代

両運転台付きで便所付きの酷寒地型。1977〜82(昭和52〜57)年に150両が製造された。客室窓は1段で二重窓になっていて、窓のサイズはキハ22形などと同じ小型のものとして、車内の保温性向上を図っている。当初製造された101〜116号車は、キハ40系の中でもキハ47形1〜79号車などと共に量産先行車といえるもので、台車はDT44・TR227で、客室内化粧板は従来通りの淡緑色。屋上に設置された水タンクは角張ったものが使用されている。

その後製造された117〜250号車は台車がDT44A・TR227Aに変更され、同時に客室内の換気風道の取り付け方が変更になったため、側窓配置と座席配置が変化し、小窓が途中に挟まる変則的な側窓配置となった。客室内化粧板がクリーム色に変更されている。水タンクもRが付いたものに変更された。縦雨ドイは凍結破損時の交換を考慮して外部に露出して取り付けられている。

なお、0番代ではなく100番代から始まるのは、これ以前にオハフ62形客車を改造した初代キハ40形(54ページコラム)が存在したためである。

キハ48形300番代

1982(昭和57)年に4両のみが製造された。酷寒地型のキハ40形100番代を片運転台付きとしたもの。北海道では短編成列車が多いため、両運転台付きのキハ40形100番代が好まれ、キハ48形1300番代と共に少数派となった。

キハ48形1300番代

1982(昭和57)年に3両が製造された。キハ40系新製グループでは最少両数。300番代から便所をなくしたタイプなので屋上に水タンクがなく、急行用のキハ27形のような印象を持つ。

キハ40形100番代

初期に製造された104号車。台車はDT44・TR227を履き、角張った形状の水タンクが特徴。
旭川　写真／児島眞雄

キハ40形100番代

一段上昇式の二重窓が並ぶ酷寒地型。100番代は700番代とキハ400形に改造されて現存しない。
キハ40形133号車　長万部　1989年8月27日　写真／児島眞雄

キハ48形300番代

酷寒地型の中ではごく少数派のキハ48形300番代。キハ48形302号車を最後尾とした普通列車で、奥はキハ56系2両、キハ22形3両。苗穂～白石間　写真／新井 泰

キハ48形1300番代

キハ48形の便所なし仕様。キハ48形300番代に準じた片運転台で、キハ40形100番代と同等の酷寒地型とした。写真の1301号車は、1988年には急行用のキハ480形に改造されている。小樽
写真／児島眞雄

キハ40形100番代

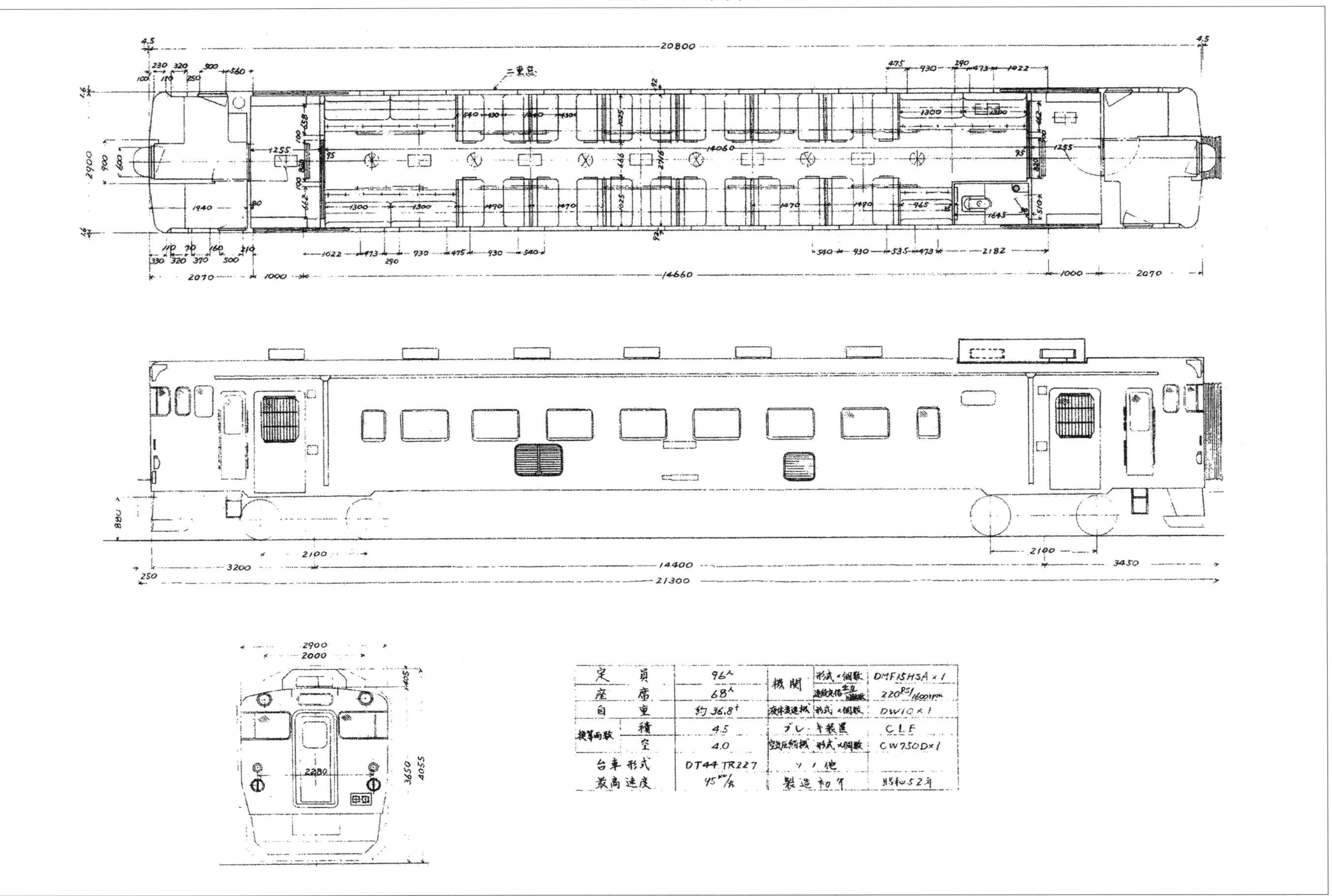

二重窓
20800
14660
14060
2900
14400
21300
3450
3200
2100
880
4055
3650
2280
定員 96人
座席 68人
自重 約36.8t
換算両数 積 4.5
空 4.0
台車形式 DT44 TR227
最高速度 95km/h
機関 形式×個数 DMF15HSA×1
連続定格出力 220PS/1600rpm
液体変速機 形式×個数 DW10×1
ブレーキ装置 CLE
空気圧縮機 形式×個数 CW750D×1
ソノ他
製造初年 昭和52年

寒地向け

本州内の寒冷積雪地域で使用するため、側窓は下段上昇、上段下降で密閉性の高いユニットサッシとなっているほか、積雪対策のため台車も空気バネ付きを履いている。キハ40形500番代、キハ47形500・1500番代、キハ48形500・1500番代の合わせて246両が製造された。

キハ40形500番代

両運転台付きで便所付きの寒地型。1977～82(昭和52～57)年に94両が製造された。寒地型だが100番代よりは簡略化されたものとなっている。縦雨ドイは当初外部に露出したものだったが、554号車から設計変更が行われ埋め込み式となった。

台車は初期の501～520号車はDT44・TR227で、客室内化粧板は従来通りの淡緑色。521～594号車はDT44A・TR227Aに変更され、客室内化粧板がクリーム色となった。また、100番代と同じく客室内換気ダクトの取り付け方が変更になったため窓配置も変化した。

キハ47形500番代

1978～80(昭和53～55)年にかけて22両が製造された。本来は暖地向けであるキハ47形を新潟地区の通勤輸送用として耐寒耐雪装備を施したタイプ。

501～505号車の台車はDT44・TR227で、客室内化粧板は従来通りの淡緑色。506～522号車はDT44A・TR227Aに変更され、客室内化粧板がクリーム色となった。客室窓は寒地型ながら0番代と同じ2段上昇窓となっている。

なお、側面の機関用空気吸込口は、形式図では全車等分割タイプとなっているが、実際にはキハ40形100番代とキハ47形のみが等分割タイプとなっている。

キハ47形1500番代

1978～80(昭和53～55)年に21両が製造された。寒地型の500番代から便所をなくしたタイプで、500番代と同じく新潟地区の通勤輸送用に製造されたもの。屋上に水タンクがないので500番代との区別は容易である。

1501～1505号車までは台車がDT44・TR227。1506～1521号車はDT44A・TR227Aとなっている。

キハ48形500番代

1979～82(昭和54～57)年に59両と、キハ48形では最も多く製造された。寒地型のキハ40形500番代を片運転台付きとしたもの。製造開始が遅かったためキハ40形500番代のような台車などの増備中の変化はない。515～559号車は縦雨ドイが埋込型に変更されている。

キハ48形1500番代

1979～82(昭和54～57)年にかけて50両が製造された。寒地型のキハ48形500番代から便所をなくしたタイプ。キハ48形500番代とペアを組んで編成を組むことが多く、これ以外の場合は便所付きの車両(キハ40形など)と編成を組むようにして、便所なしの列車を運行することのないようにしていた。

キハ40形500番代

上段下降・下段上昇の二段窓を装備した寒地型の500番代。写真は縦雨ドイは露出した初期型。
キハ40形502号車　山形　写真／高橋政士

キハ40形500番代

554号車から設計変更され、縦雨ドイが埋め込み式になった。台車もDT44A・TR227Aに変更。
客室内換気ダクトの取付方が変更され、窓配置も変化した。キハ40形567号車　八戸　2010年2月4日
写真／高橋政士

キハ47形500番代

新潟地区向けに製造された500番代。写真は機関換装・冷房化改造が施され、赤系の新潟色に変更された姿。キハ47形521号車　米沢　2003年9月10日　写真／高橋政士

キハ47形1500番代

新潟地区向けに製造された500番代の便所なし仕様。写真は機関換装・冷房化改造が施され、青系の旧新潟色に変更された姿。キハ47形1520号車　新潟　2003年9月10日　写真／高橋政士

キハ48形500番代

キハ48形は500・1500番代から登場。写真は機関換装・冷房化改造された車両で、小牛田配置車は側面に幕式の行先表示器を装備する。キハ48形502号車　気仙沼　2007年1月1日　写真／高橋政士

キハ48形1500番代

上の500番代の便所なし仕様となる1500番代。写真のキハ48形1512号車は上の502号車と組んでいたが、2両とも女川駅で津波被害に遭った。気仙沼　2007年1月1日　写真／高橋政士

キハ40形500番代(501～520号車)

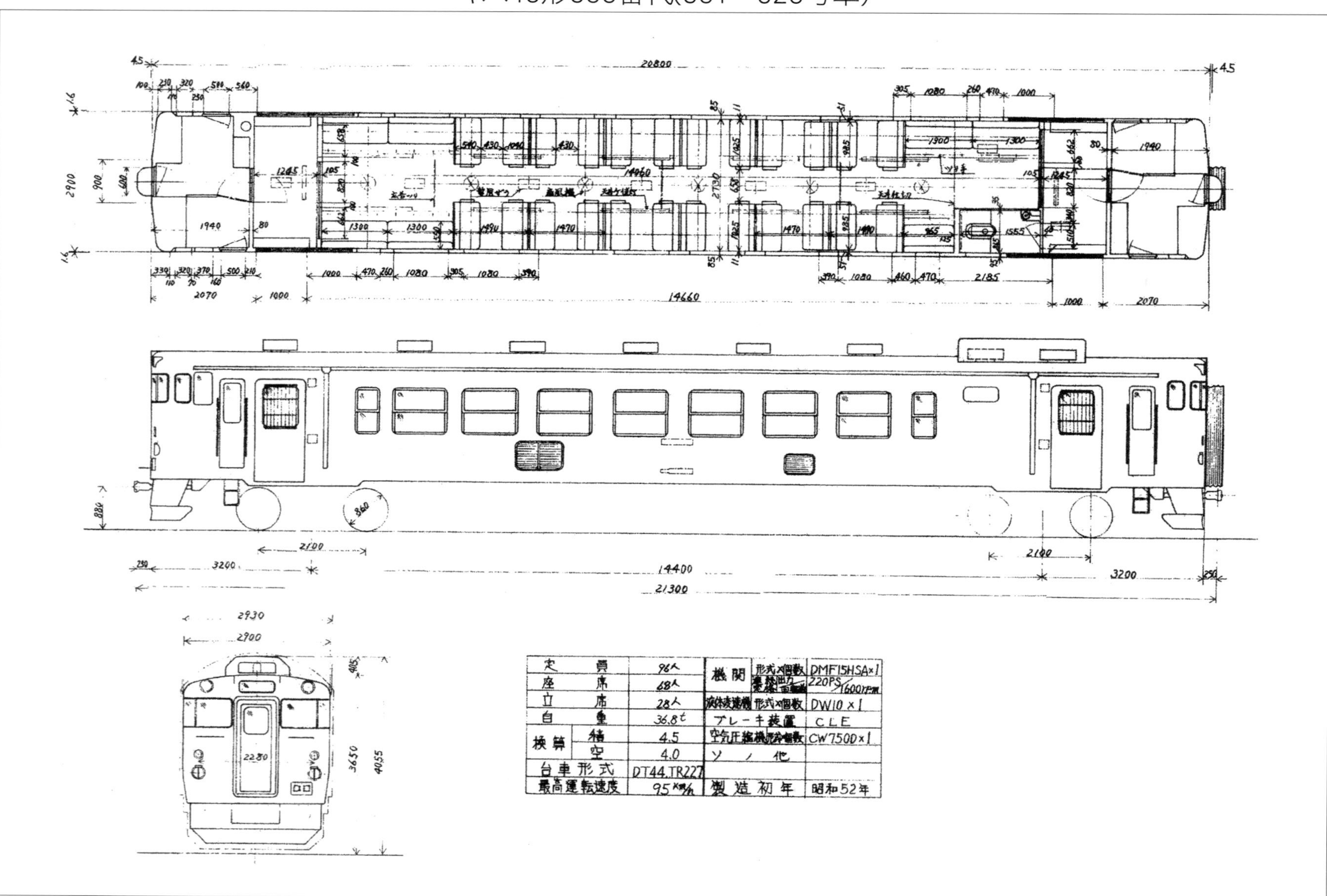

定員		96人	機関	形式×個数	DMF15HSA×1
座席		68人		最高出力/回転数	220PS/1600rpm
立席		28人	液体変速機	形式×個数	DW10×1
自重		36.8t	ブレーキ装置		CLE
換算	積	4.5	空気圧縮機形式×個数		CW750D×1
	空	4.0	ソノ他		
台車形式		DT44,TR227			
最高運転速度		95km/h	製造初年		昭和52年

キハ40形500番代(521号車〜)

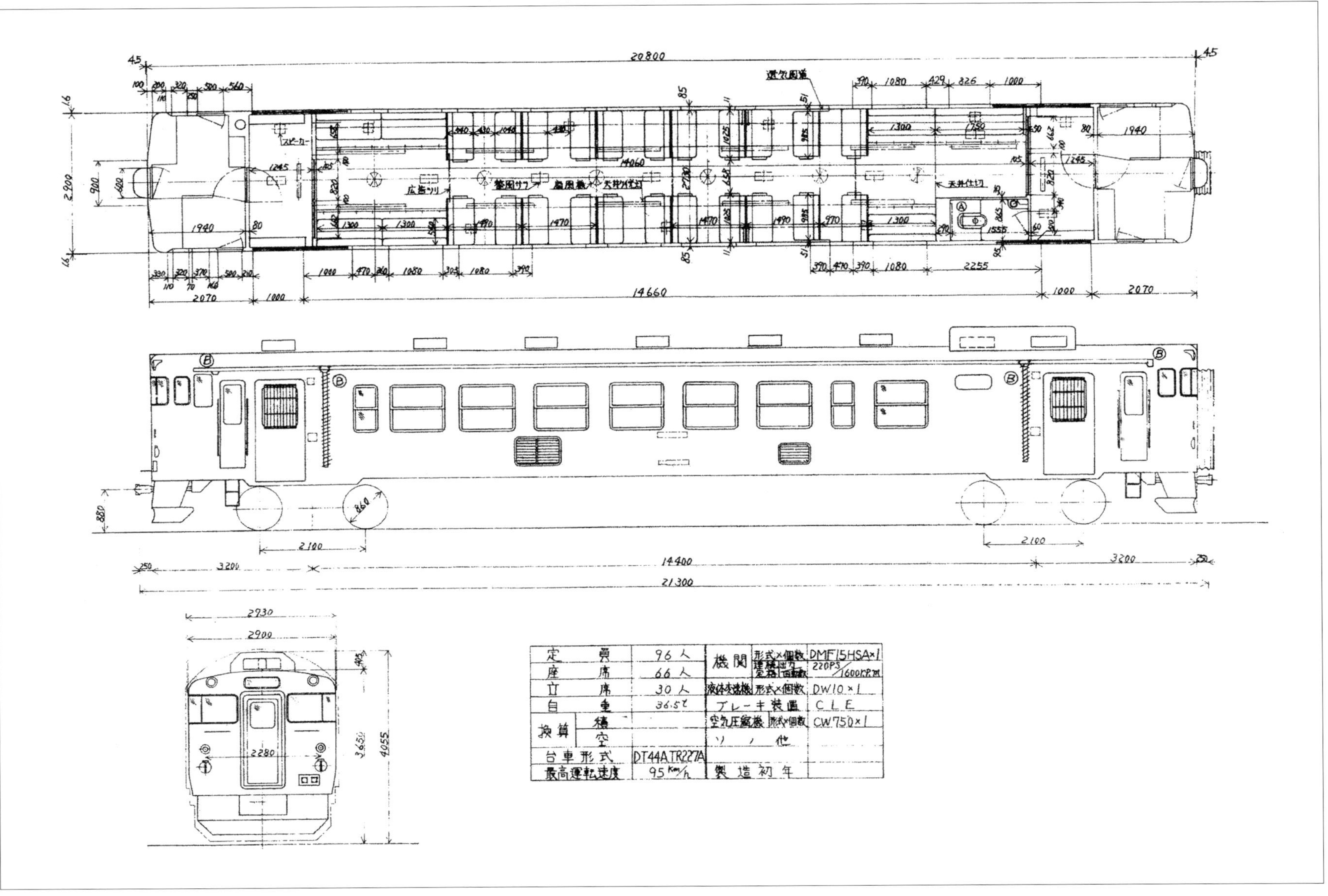

定員		96人	機関	形式×個数	DMF15HSA×1
座席		66人		連続出力/回転数	220PS/1600rpm
立席		30人	液体変速機	形式×個数	DW10×1
自重		36.5t	ブレーキ装置		CLE
換算	積		空気圧縮機	形式×個数	CW750×1
	空		〃	〃	他
台車形式		DT44A TR227A	製造初年		
最高運転速度		95Km/h			

キハ47形500番代

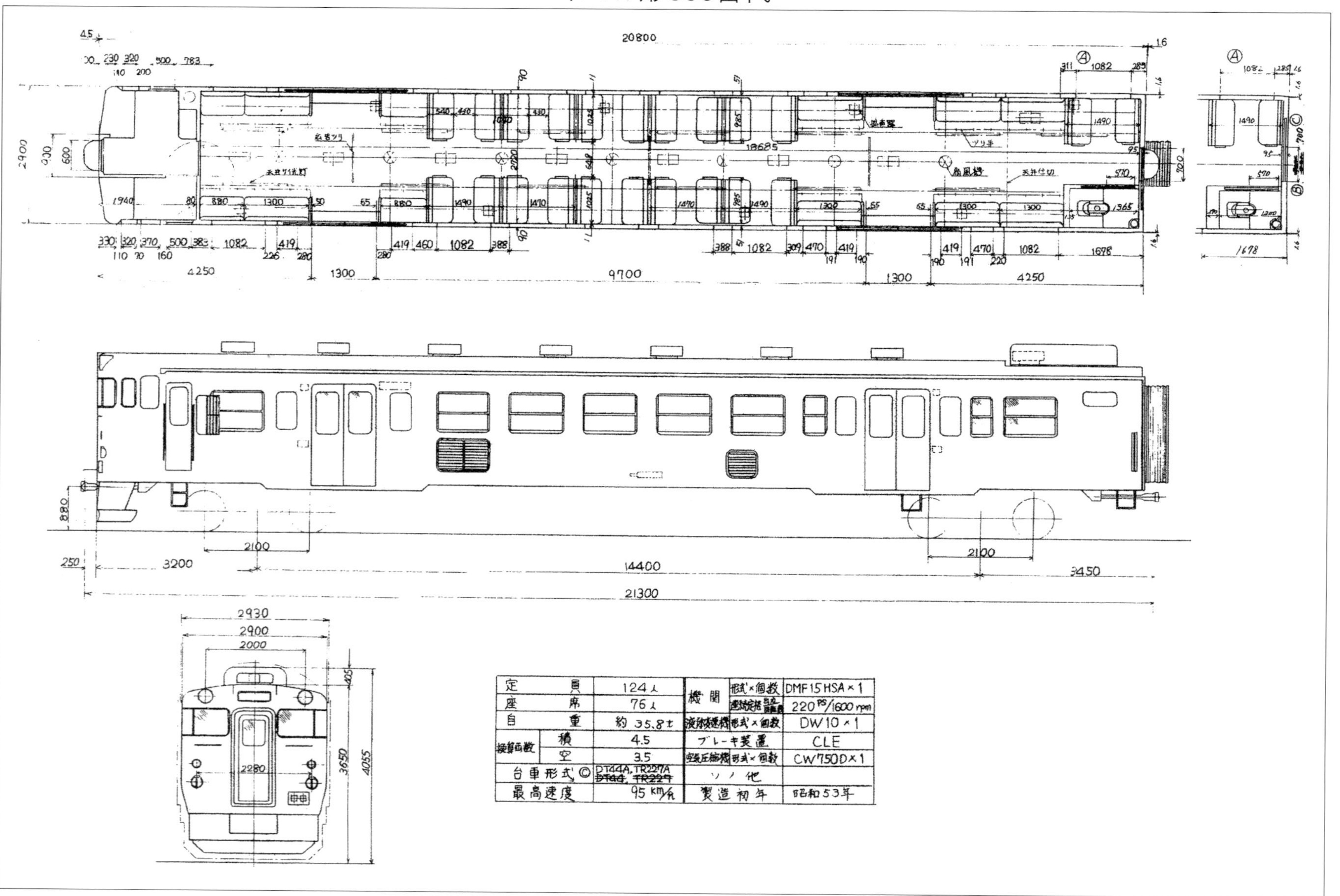

定員	124人	機関	形式×個数	DMF15HSA×1
座席	76人		連続定格出力/回転数	220PS/1600rpm
自重	約35.8t	液体変速機	形式×個数	DW10×1
換算両数 積	4.5	ブレーキ装置		CLE
換算両数 空	3.5	空気圧縮機	形式×個数	CW750D×1
台車形式©	DT44A, TR227A ~~DT44, TR229~~	その他		
最高速度	95km/h	製造初年		昭和53年

キハ47形1500番代

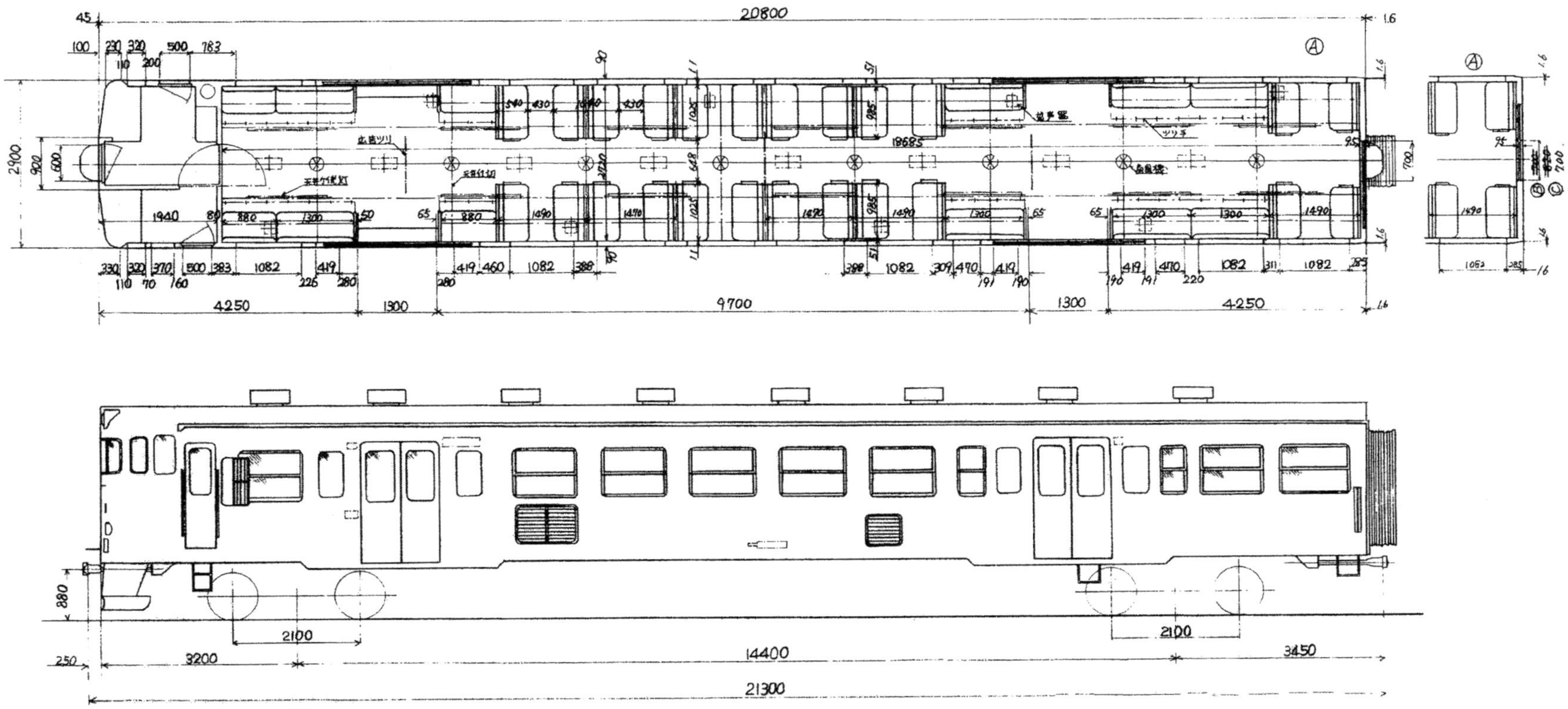

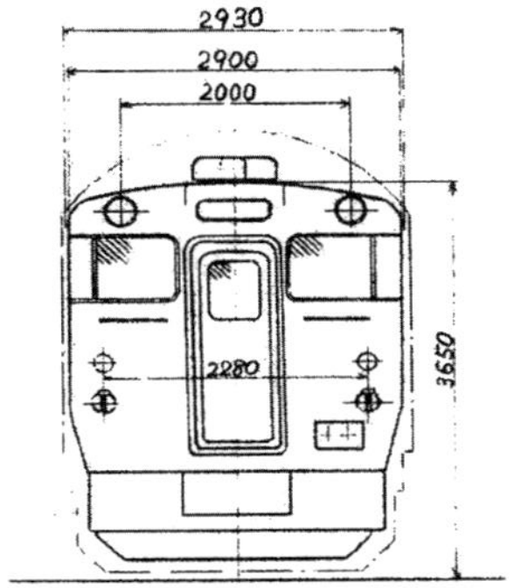

定員		128人	機関	形式×個数	DMF15HSA×1
座席		80人		連続定格 出力/回転数	220^{PS}/1600rpm
自重		約 35.4t	液体変速機	形式×個数	DW10×1
換算両数	積	4.5	ブレーキ装置		CLE
	空	3.5	空気圧縮機	形式×個数	CW750D×1
台車形式		DT44A, TR227A ~~DT44, TR227~~	ソノ他		
最高速度		95^{km}/h	製造初年		昭和53年

キハ48形500番代

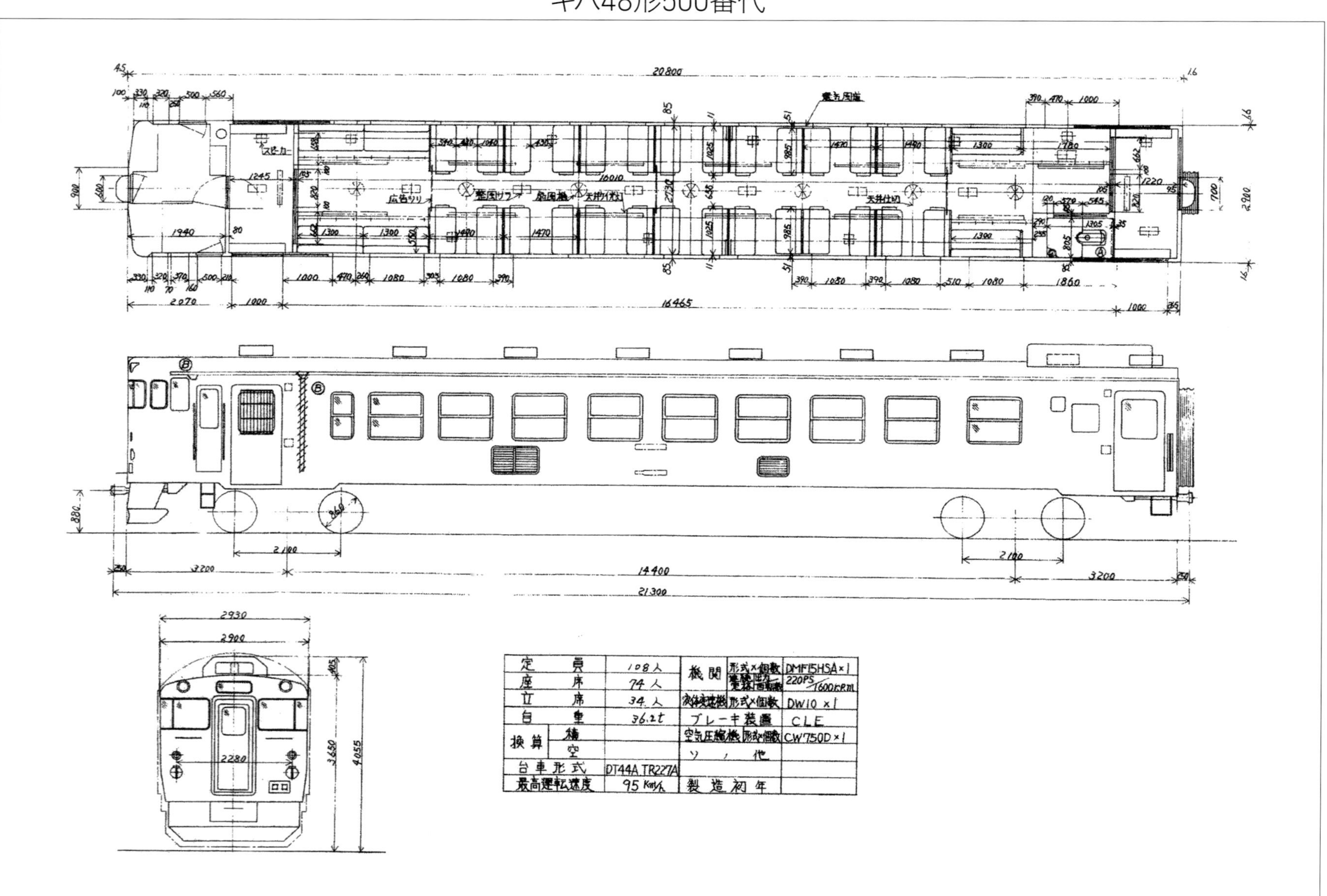

定員 108人
座席 74人
立席 34人
自重 36.2t
換算 積
換算 空
台車形式 DT44A TR227A
最高運転速度 95 Km/h
機関 形式×個数 DMF15HSA×1
220PS/1600rpm
液体変速機 形式×個数 DW10 ×1
ブレーキ装置 CLE
空気圧縮機 形式×個数 CW750D×1
ソ，他
製造初年
スピーカー
広告ワリ
扇風機
天井仕切
20800
16465
21300
14400
3200
2100
2930
2900
3650
4055
2280

キハ48形1500番代

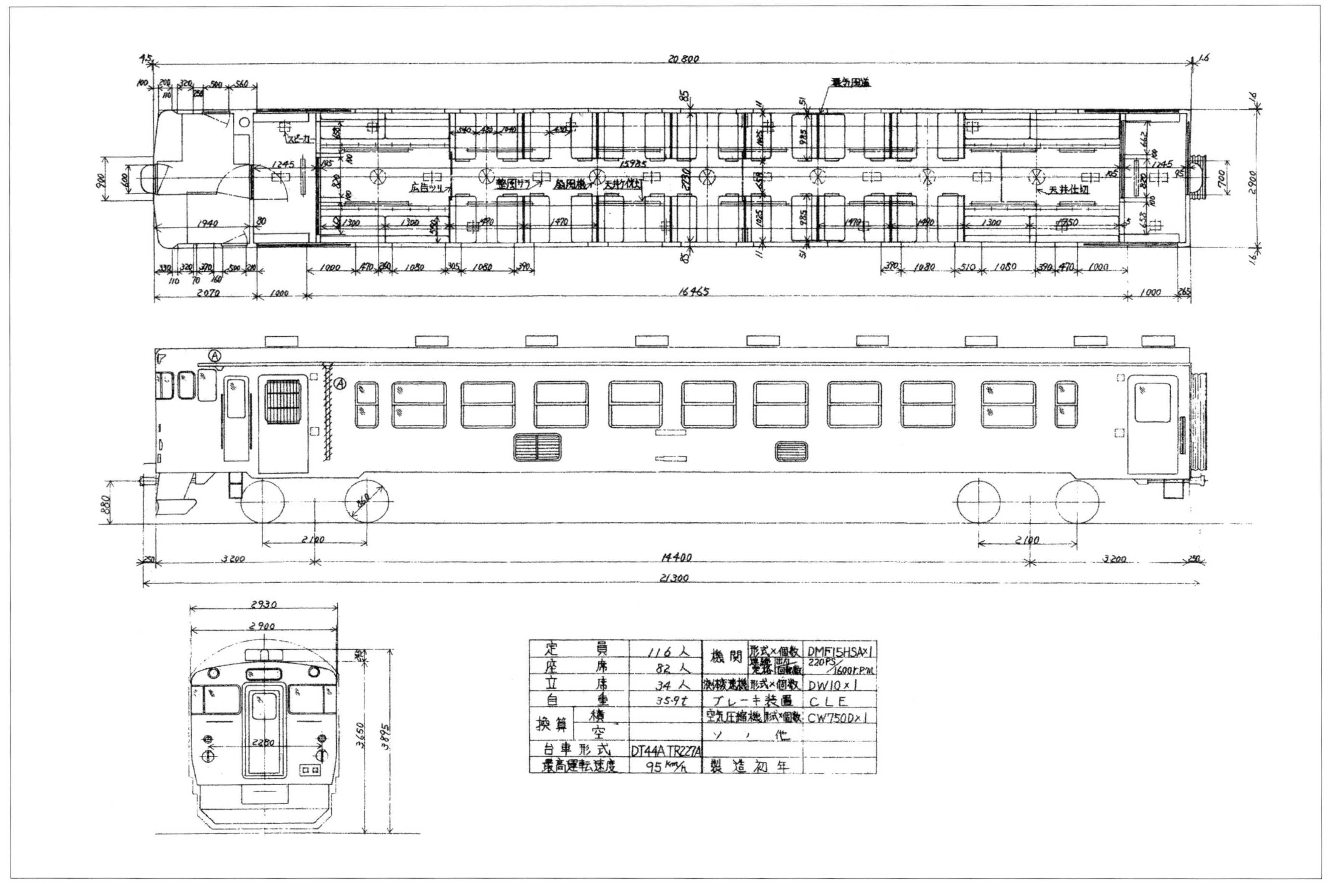

定員	116人	機関	形式×個数	DMF15HSA×1
座席	82人		連続定格 出力/回転数	220PS/1600r.p.m
立席	34人	液体変速機	形式×個数	DW10×1
自重	35.9t	ブレーキ装置		CLE
換算 積		空気圧縮機	形式×個数	CW750D×1
換算 空		ソノ他		
台車形式	DT44A TR227A			
最高運転速度	95Km/h	製造初年		

暖地向け

積雪の少ない地方で運用するためのグループで、側窓は2段上昇窓を採用し、台車はコストダウンのため従来型であるDT22D・TR51Cを履く。キハ40形2000番代、キハ47形0・1000番代、キハ48形0・1000番代の合わせて485両が製造された。

キハ40形2000番代

両運転台付きで便所付きの暖地型。1979～82(昭和54～57)年に148両が製造された。暖地向けなので当初はキハ47形の両運転台付きとして計画されていたが、便所を取り付けることとなり、暖房用の換気風道の設置が困難になることから、寒地型の500番代と同様の車体になった。

暖地型であるため台車はDT22D・TR51C。側窓は2段上昇式となり、外観上は台車とこの点が異なっている。登場時期が遅かったため、100・500番代に見られるような、台車や窓配置の変化はない。

キハ47形0番代

1977～82(昭和52～57)年に193両が製造された。キハ25形を発展させたキハ45形の直系といえる車両で、客用扉が車体中央寄りで、1,300mm幅の両開き引戸を2カ所備えている。後述のキハ47形1000番代と合わせて、キハ40系中最大勢力を占めており、これがキハ40系の本来の姿ともいえる。

キハ40形101～116号車と共にキハ40系のトップを切って製造されたグループで、1～79号車までは客室内化粧板が淡緑色となり、80～189号車はクリーム色に変更されている。客室窓は2段上昇式で全開が可能となっている。台車は暖地型のため全車DT22D・TR51C。

キハ47形1000番代

1978～82(昭和53～57)年に134両が製造された。キハ47形0番代の便所なしタイプで、0番代と合わせて323両となり、新製されたキハ40系全888両のうち36.4%を占める一大勢力となっている。

便所なしの1000番代が大量に製造された理由は、都市近郊を走る列車の垂れ流し便所による黄害問題が大きくなり、便所付きの車両を減らす方向にあったことと、将来的に汚物処理装置を搭載したあと、メンテナンスや地上設備のコストダウンを図る目的があった。

キハ48形0番代

1981(昭和56)年から翌年にかけて6両が製造された。キハ48形は寒地型が基本形だが、0番代は準寒地型とも呼ばれるもので、台車がDT22D・TR51Cとなっており、やや中途半端な存在。わざわざキハ48形0番代を製造したのは、両運転台付きによるコストアップと乗車定員減を防ぐ狙いがあったのかもしれない。

キハ48形1000番代

1981(昭和56)年から翌年にかけて4両が製造された。0番代の便所なしタイプなので屋上に水タンクがない。台車はDT22D・TR51Cを履くが、準寒地型なので側窓は下段上昇、上段下降となっている。

キハ40形2000番代

車体は寒地型500番代と同じ2段上昇式側窓だが、DT22D・TR51C 台車を履くのが識別点。暖地型だが東北地方まで広く使用された。キハ40形2127号車　博多　写真／児島眞雄

キハ48形0番代

キハ48形の0・1000番代は両者合わせて10両の少数グループ。0番代だが落成は500・1500番代より後で、美濃太田と敦賀に新製配置された。写真は敦賀の塗色変更車。キハ48形4号車　米原　1990年4月8日　写真／児島眞雄

キハ47形0番代

両開き引戸を車体中央寄りに2カ所備え、乗降効率を高めたキハ47形。0番代は屋上に水タンクを備える。キハ47形137号車　津山　1992年7月4日　写真／児島眞雄

キハ47形1000番代

キハ47形0番代の便所なし仕様。0番代以上に輸送力が高い。機関用空気吸込口に冬期塞ぎ板操作用の手掛がないのが分かる。キハ47形1111号車　米子　1989年5月14日　写真／児島眞雄

キハ40形2000番代

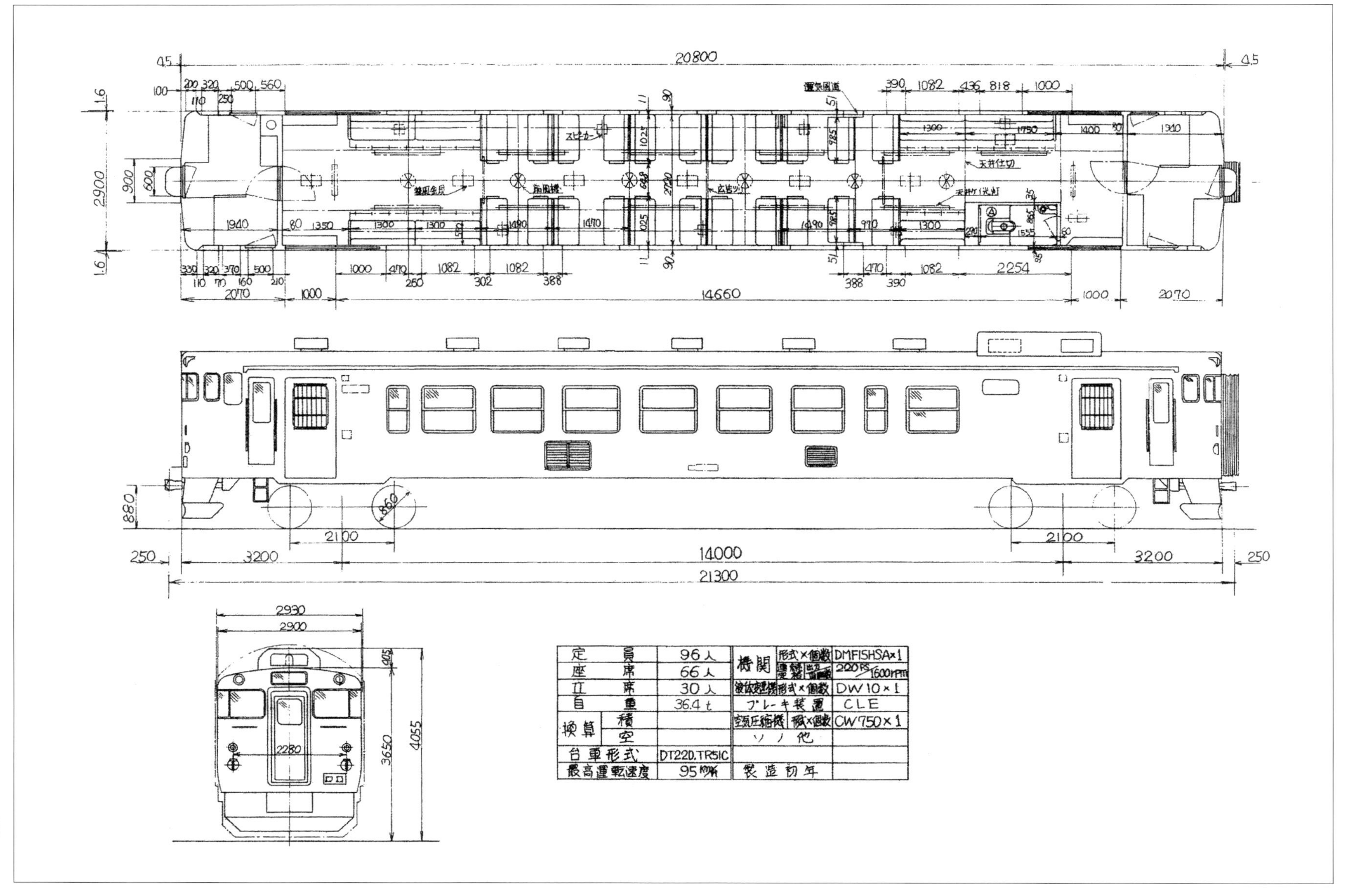

キハ47形0番代

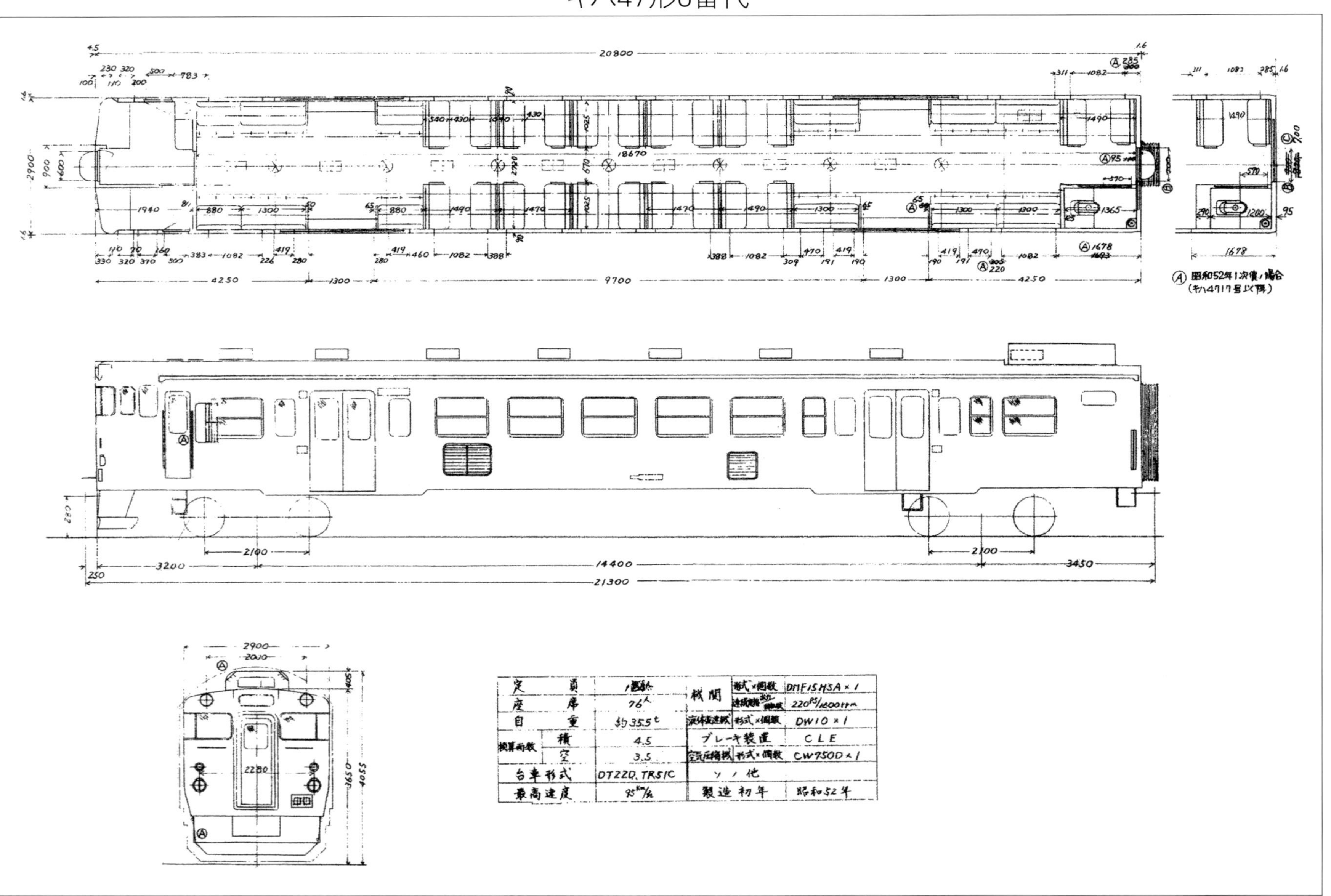
Ⓐ 昭和52年1次車の場合
(キハ47117番以降)
20800
9700
4250
1300
14400
21300
3450
3200
2100
2900
定員
座席 76人
自重 約35.5t
換算両数 積 4.5
空 3.5
台車形式 DT22D, TR51C
最高速度 95km/h
機関 形式×個数 DMF15HSA×1
220PS/1600rpm
液体変速機 形式×個数 DW10×1
ブレーキ装置 CLE
空気圧縮機 形式×個数 CW750D×1
製造初年 昭和52年

キハ47形1000番代

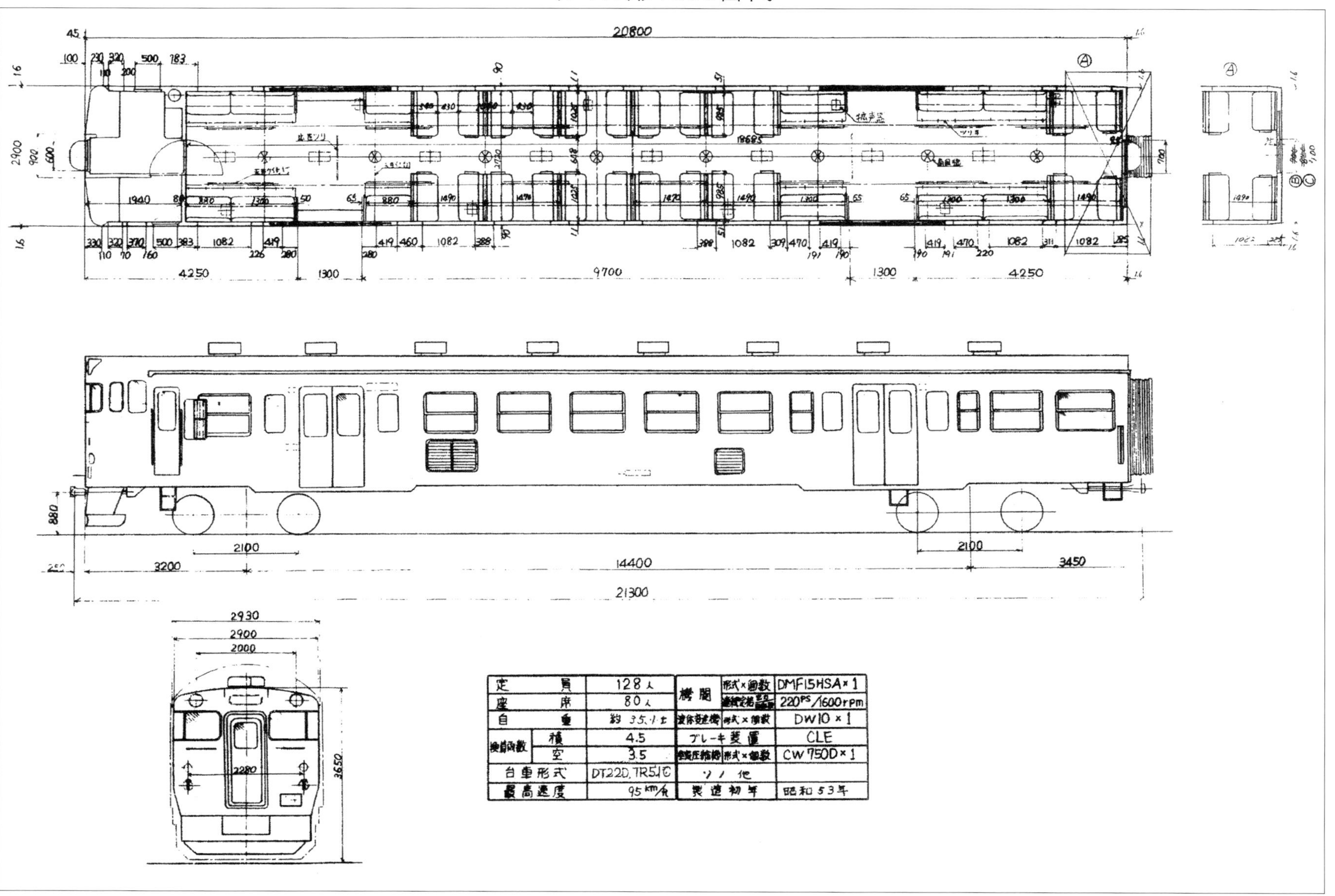

定員		128人	機関	形式×個数	DMF15HSA×1
座席		80人		連続定格出力/回転数	220PS/1600rpm
自重		約35.1t	液体変速機	形式×個数	DW10×1
換算両数	積	4.5	ブレーキ装置		CLE
	空	3.5	空気圧縮機	形式×個数	CW750D×1
台車形式		DT22D, TR51C	ソノ他		
最高速度		95km/h	製造初年		昭和53年

キハ40形0番代は客車改造車

オハフ62形のスタイルを色濃く残した外観のキハ45形+キハ40形の2両編成。南美唄支線(廃止)の列車に使われていた。美唄 1966年
写真/辻阪昭浩

現在見られるキハ40形は2代目と称されることもある。それは以前にキハ40形が存在したためだ。その初代キハ40形はなんと鋼体化客車からの改造車。北海道内で客貨分離を進める際に、不足するキハ22形を補うためオハフ62形を気動車に改造したものだ。

両運転台付きがキハ40形(後のキハ08形)。このほか片運転台付きのキハ45形、キクハ45形、オハ62形改造の付随気動車のキサハ45形が存在したが、車体が客車であるため重量があり、それに対して機関が非力であまり活躍できなかった。宗谷本線の塩狩峠では、キハ45形+キクハ45形+オハ60形の編成に9600形が補機に付くという気動車化した意味のないような珍編成も見られたという。

そもそも「40」という形式数字は初代キハ40形が登場した時に、客車改造気動車に割り当てられていた。その後、客車改造気動車の両数が伸びなかったため、後に新型機関搭載車の形式に割り当てられた。なお、DMH機関搭載車のキハ45・46形は、20番代が一杯になってしまったため例外的に付けられていた。

ちなみに、JR北海道ではオハ50系51形を気動車に改造した際に再び40番代が割り当てられたが、新系列気動車の扱いとなったためキハ141形・142形・143形・キサハ144形など3桁形式となった。

キハ40系の改造車

文 ◉「旅と鉄道」編集部

JR北海道

JR北海道では、ディーゼルエンジンの換装、ワンマン運転化などの改造を行い、施工車は番代や形式を変更している。しかし、元番号は活かさずに振り直しているので、現在の番号から元番号をたどるのは難しい。観光列車は少ないが、観光列車にも普通列車にも使用できる「北海道の恵み」シリーズと「山紫水明」シリーズを運行中だ。

キハ400形・480形

14系客車の急行「宗谷」「天北」を気動車化するため、キハ40形100番代、キハ48形300・1300番代を改造。番号の変更はなく、形式名のみ3桁になった。強力な330PSエンジンに換装し、座席をキハ183系500番代と同様の回転リクライニングシートに交換。2000年の特急化まで使用され、一部はミャンマー国鉄に譲渡された。
豊富　1995年6月
写真／児島眞雄

キハ40形700番代 ワンマン化改造

ワンマン運転に対応可能な改造を施し、1990年6月に登場。キハ40形100番代から700番代に改番されたが、元番号と関係なく改造順に振られている。ただし、初期型の101～116号車は台車などが異なることから826～841号車にまとめられている。白地に萌黄色とライトグリーンの帯を巻いた塗色も、ワンマン化改造車から登場した。
キハ40形840号車
大沼　1995年6月
写真／児島眞雄

キハ40形300番代 札沼線向け改造

札沼線沿線の開発が進み、学研都市線の路線愛称通り、新興住宅地や大学の通勤通学輸送が増えたため、キハ40形700番代を改造した。キハ40形301 ～ 304号車は330PS機関に換装された。キハ40形330番代・キハ48形1330番代は「宗谷」「利尻」の特急化で余剰になったキハ400・480形をロングシート化したもの。写真はキハ141系とともに札沼線を行くキハ40形336号車
新琴似　2012年5月7日
写真／児島眞雄

キハ40形400番代 札沼線向け改造

上の300番代と同じく、札沼線向けにキハ40形700番代を改造。401・402号車の2両が落成した。積雪時の運行を考慮して、より強力な450PS機関を搭載した。識別のため、客用扉がライトグリーンに塗られている。キハ40形401号車
浦臼　2004年5月20日
写真／児島眞雄

キハ40形350番代 日高本線向け改造

日高本線には、軽快気動車のキハ130形を新製投入したものの、車体などの腐食がひどく、キハ40形で置き換えることになった。そこで700番代に330PS機関と変速機の換装、台車の改造を施し、1998年7月から10両が投入された。350番代に改番されたが、700番代時代の番号と関連はない。キハ40形355号車
静内　2010年9月28日
写真／児島眞雄

キハ40形764号車

映画「鉄道員(ぽっぽや)」撮影のため、キハ12形に似た前面に改造し、キハ12 23として映画に登場。撮影後は車番のみ戻して根室本線の営業列車で使用された。2005年に廃車となり、先頭部が幾寅駅前に保存されている。
富良野〜布部　1996年6月
写真／高橋政士

キハ400形500番代「くつろぎ」

キロ59・29形気動車のお座敷車「くつろぎ」の後継として、急行「宗谷」用のキハ400形3両を改造。1997年12月から98年4月にかけて登場した。客室は掘りごたつ式のお座敷で、テーブルは収納できる。「宗谷」は特急化前なので、代替にキハ182形を連結した。
キハ400形502号車
苗穂　2004年8月18日
写真／高橋政士

キハ40形1700番代「北海道の恵み」シリーズ

沿線活性化を目的に、「北海道の恵み」シリーズとして2018年3月から順次登場した。道北、道東、道南、道央の各地域の特色をイメージした外装で、内装には木材を使用した。キハ40形の各車は1720号車「道北 流氷の恵み」(写真)、1779号車「道東 森の恵み」、1809号車「道南 海の恵み」、1780号車「道央 花の恵み」。写真はJR東日本の「びゅうコースター風っこ」を連結する。

キハ40形1700番代
「山紫水明」
シリーズ

「北海道の恵み」シリーズの好評を受けて、観光列車として運行可能な「山紫水明」シリーズとして2019年に2両が製作された。「山明」(写真)の車体色とシートモケットの色は深い緑色。「紫水」はそれぞれ紫色となる。

JR東日本

国鉄から219両のキハ40系を承継したJR東日本だが、改番をした一般用改造車は国鉄時代の1000番代のみである。しかし、冷房化、ワンマン化、ロングシート化、機関換装、リニューアル改造、衛生携帯電話アンテナ取付と、改造はたくさん行われている。また、「リゾートしらかみ」シリーズなどの観光列車に改造された例も多いが、ほとんどが元番号のままである。

キハ40形1000番代
烏山線

烏山線向けの改造は国鉄時代の1986年11月改正に向けて行われ、国鉄時代における唯一の改番を伴う改造となった。キハ40形2011～2017号車が1001～1007号車に改造された。改造内容は便所の撤去と吊手と荷物棚の延長、非常用押ボタンの移設、車体色の変更で、撤去部分への座席の設置は行われず、屋上の水タンクも残されている。JR承継後の1990年にはロングシート化改造された。
1991年8月と1995年12月には、2000番代2両が1008・1009号車に追加改造された。1007号車までと同様の改造のほか、座席のロングシート化、便所撤去部分への座席設置、屋根上の水タンク撤去が行われた。上／屋上に水タンクが残るキハ40形1001号車　宝積寺　写真／児島眞雄　下／烏山線開業80周年記念として、首都圏色に変更されたキハ40形1004号車　2014年6月16日　写真／高橋政士

キロ40·48形「漫遊」
↓
キハ40·48形 2500番代「ふるさと」

1995年に水戸支社が投入したお座敷車。キハ40形2000番代1両、キハ48形500番代2両を種車にした3両編成で、キロ40形1号車、キロ48形1・2号車に改造。2000年7月に小牛田へ転属し、愛称を「ふるさと」と改称。2003年4月に普通車に格下げされ、キハ40形2501号車、キハ48形2501・2502号車となった。
東仙台～岩切間　2013年9月10日　写真／岸本 亨

キハ48形 500·1500番代「びゅうコースター風っこ」

無蓋車を改造したトロッコ車両に代わる車両として、キハ48形547・1541号車を改造した2両編成。側窓2枚分を1つの窓とし、夏は開放した状態で、冬は着脱式の窓を装着して季節を問わずに運行できる。JR東日本管内のほか、JR北海道や接続する第三セクターなどで運行されることもある。

キハ40·48形「越乃Shu*Kura」

2014年5月に新潟地区に登場した観光列車で、キハ48形558号車+キハ48形1542号車+キハ40形552号車の3両編成。車内では日本酒を提供し、イベントスペースでは生演奏などが行われる。上越妙高～十日町間の「越乃Shu*Kura」のほか、上越妙高～越後湯沢間の「ゆざわShu*Kura」、上越妙高～新潟間の「柳都Shu*Kura」としても運転される。

キハ40・48形「リゾートしらかみ

「リゾートしらかみ」は、1997年3月から秋田〜青森間で運転する観光列車。当初は後に「青池編成」と呼ばれる4両1編成のみだったが、人気列車となって2002年に「橅編成」、2006年に「くまげら編成」が登場した。2010年12月に「青池編成」にHB-E300系が新製投入され、旧「青池編成」は2両編成の「クルージングトレイン」に改称された。「橅編成」も2016年7月に置き換えられ、「あきたクルーズ号」に改称されたが、2020年に廃車となった。「くまげら編成」はキハ40系のまま現役である。上／「くまげら編成」広戸〜深浦間　右／「青池編成」岩館〜大間越　1998年5月　写真／高橋政士

㊤ キハ48形「き・ら・き・らみちのく」→「リゾートうみねこ」

「き・ら・き・らみちのく」は2002年12月から大湊線で運転された観光列車。キハ48形1505・1506号車を改造。2010年11月に終了すると、八戸線の観光列車に再改造されて、2011年4月から「リゾートうみねこ」（写真）として2020年3月まで運転された。

㊦ キハ48形「みのり」

陸羽東線の観光列車として2008年9月に登場。「リゾートしらかみ」に準じた外観の観光列車で、キハ48形550・546号車が展望車、549号車が中間車となる。2020年に運行を終了し、廃車となった。

JR東海

旅客6社に承継されたキハ40系だが、JR東海は最も早い2016年3月で営業運転を終了している。現役時代は冷房化、機関・変速機の換装、ワンマン化改造などが行われているが、改番された上から追加改造による再改番も行われて複雑である。本稿では、写真を掲載した車両について概要を解説する。なお、観光列車などへの改造は行われていない。

キハ40形3000番代

走行性能改善と冷房化による発電容量アップのため、強馬力型機関への換装が行われた。JR東海のキハ40系では、1989年2～5月にキハ40形2000番代に初めて冷房化改造が行われ、冷房装置の搭載と合わせて、キハ85系と同じカミンズ社製の機関と、液体変速機は強馬力に対応したC-DW14Aに換装された。当初は元番号＋3000されて5030～5032・5058・5059・5129となったが、他の改造車が増えて番代区分を変更することになり、キハ40形3000番代(3001～3003・3005・3010号車)となった。キハ40形3010号車以下

キハ48形3800番代

キハ48形500番代の機関・変速機換装と冷房化が1992年3～11月に行われ、該当車は種車元番号＋3000で付番された。写真の車両は、元々はキハ48形529号車として落成したが、改造の際にC-DMF14HZ機関への換装により種車番号に＋3000されて、さらにワンマン車を表す＋300も行われて3800番代となる。車番は同じグループの種車新製順で付番されるため、種車番号とまったく異なる3812号車となった。キハ48形3812号車以下

JR西日本

旅客6社で最多の257両を承継したJR西日本では、現在も多くのキハ40系が現役である。一般車で車番を変更した改造はロングシート化くらいで、元番号のままワンマン化や冷房化、体質改善工事などが行われている。また、103系や201系などの電車と同様に、窓サッシの交換やベンチレーターの撤去で見た目の印象が大きく変わった車両もある。

㊤ ロングシート化

吉備線・津山線のキハ40・47形は、1993年1月からロングシート化改造が行われた。キハ40形2000番代の施工車は＋1000で3000番代に、キハ47形は＋2000されて0番代は2000番代に、併結する1000番代は3000番代になった。番号は振り直されている。さらに山陰地方では、セミクロスシートのロングシート部分を広げ、クロスシート部分を減らした車両も登場。こちらは先述の続番となり、さらに500・1500番代を改造した2500・3500番代も登場した。延命工事や冷房化前のキハ47形2014号車＋3000番代　直江～出雲市間2004年7月7日
写真／児島眞雄

㊨ キハ41形

外観上では最も魔改造に入る車両だが、本来の暖地向け両運転台車はこのような形で構想されていた。播但線の輸送改善のため、キハ47形1000番代の後位側に運転台を新設して両運転台とし、1998年に登場。キハ40系で唯一の追加形式となった。現在は首都圏色をまとう。キハ41形2002号車　和田山　2003年7月20日
写真／児島眞雄

キハ40形
延命工事

1999～2010年に、103系電車などと同じ延命40N工事を実施。外装の修復、側窓の下段固定・上段上昇窓への取り替え、車内化粧板の交換など多岐にわたる。機関換装、冷房搭載は別途行った。現在は朱色5号に単色化された。キハ40形2033号車　徳山　2007年6月19日
写真／高橋政士

LED式側面
行先表示器設置

広島・山口地区では、車両の側面にLED式の行先表示器が側面に追加された。写真のキハ47形179号車は非冷房で更新工事もまだだが、側面中央付近の幕板部にLED式の側面行先表示器が追加されている。下関　2007年6月24日　写真／高橋政士

JR西日本の観光列車

キハ47形7000番代「瀬戸内マリンビュー」→キロ47形7000番代「etSETOra」

呉線の観光列車「瀬戸内マリンビュー」として2005年10月に登場。ロングシート化改造されたキハ47形2000・3000番代を種車に、7000番代に改造された。2019年12月で運行を終了し、再改造されて同じく呉線の観光列車「etSETOra」として2020年10月にデビューした。全車グリーン車となり、形式もキロ47形7000番代に変更された。上／「瀬戸内マリンビュー」須波～安芸幸崎間　右／「etSETOra」

キハ48形「花嫁のれん」

七尾線の観光特急として、2014年7月に登場。種車はキハ48形4・1004号車で、改造後も改番されていない。内外装が大きく改造され、前面は前部標識灯が1灯のレトロ感あるデザインになった。

キハ47形7000番代「みすゞ潮彩」
→「○○のはなし」

山陰本線新下関〜仙崎間の観光列車「みすゞ潮彩」として2007年7月に登場。キハ47形0・1000番代を改造し、7000番代に改造された。「瀬戸内マリンビュー」に準じているが、前面は貫通扉が残る。2017年1月で運行を終了し、再改造されて8月から新下関〜東萩間の観光列車「○○のはなし」として再デビュー。形式や番号の変更はない。上／「みすゞ潮彩」　下／「○○のはなし」

キハ40形2007号車
「天空の城 竹田城跡号」→「うみやまむすび」

もともとは播但線のラッピング列車だった「天空の城 竹田城跡号」を観光列車として整備し、2015年3月に登場した。キハ40形1両編成で、番号の変更はない。2019年5月で運行を終了し、7月に「うみやまむすび」として再登場。城崎温泉を中心に山陰本線や播但線で普通列車として運転されている。上／「天空の城 竹田城跡号」　下／「うみやまむすび」

キロ47形7000番代
「あめつち」

山陰本線鳥取〜出雲市間の観光列車で、2018年7月に登場。ロングシート化改造されたキハ47形2000・3000番代を種車に、グリーン車のキロ47形7005・7006号車に改造された。「○○のはなし」の続番になる。車内は各所に山陰の工芸品があしらわれている。

キハ40形2027号車
「ベル·モンターニュ·
エ·メール」

城端線・氷見線の観光列車で、キハ40形2027号車を改造して2015年10月に登場した。列車名は「ベル・モンターニュ・エ・メール」で、「べるもんた」の愛称がある。客室は改造されているが、外観は塗装変更のほかはあまり手を加えられていない。

キハ40·47形
「ノスタルジー」

観光列車とはやや異なるが、キハ40形2134号車とキハ47形47・1036号車の車体色を気動車一般色に変更(キハ47形は気動車急行色に変更)し、客室に昔の青いシートモケットや栓抜き、扇風機などを設けて、1980年以前の急行最盛期を再現した車両。写真は気動車一般色。

JR四国

JR四国のキハ40系は、改番を伴う改造はなく、元番号のままワンマン化や冷房化の改造が行われている。また、屋根上の水タンクの形状が丸みのあるものから角形に変更された。観光列車は「伊予灘ものがたり」のみで、2014年7月から運転を開始したが、キハ185系を改造した2代目に交代し、2021年末で引退した。

㊤ キハ47形　冷房改造車

JR四国では、エンジンの換装をせず、冷房用のサブエンジンを搭載する方式で冷房化改造を行った。屋根上には角張ったF-TUR300-104が2基搭載されている。また、車端部の水タンクも角張った形状に変更されている。写真のキハ47形505号車は、新潟地区から転属した空気バネ台車。徳島　1999年　写真／児島眞雄

㊦ キロ47形1400番代「伊予灘ものがたり」

予讃線で2014年から2021年まで運転された、JR四国初の観光列車。車内では絶景を楽しみつつ、食事を堪能できる。種車は新潟地区から転属したキハ47形501・1501号車で、一度廃車された後、観光列車として復活した。キハ40系の観光列車だが、空気バネ台車の乗り心地が有利に働いた例となった。

JR九州

JR九州のキハ40系は、改番を伴わないワンマン化や冷房化改造のほか、高出力エンジンへの換装、従来機関の改造などで形式や改番を伴う改造も多数行われている。同社の電車と同じく、屋根上の通風器が撤去されているのも外観上の特徴だ。また、観光列車（D＆S列車）はキハ40系を種車とする列車が多い。

キハ140形
2000番代

篠栗線の増強と久大本線などの輸送改善を図るため、キハ40形の機関をコマツ製の360PS機関（SA6D125HD-1）に、変速機を新潟製DW14Eに換装し、空気圧縮機を変更、さらにワンマン化改造した車両。形式を＋100とし、番号は元番号のままである。同様の改造はキハ47形でも行われ、キハ147形となった。キハ140形2040号車　八代　2017年1月29日
写真／高橋政士

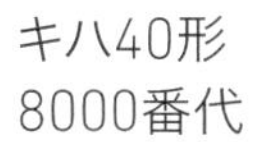

キハ40形
8000番代

キハ140・148形投入エリア以外で、従来車の高出力化を図るため、機関・変速機を換装した車両は8000番代となった。機関はコマツ製SA6D125H-1A（300PS）に、変速機を新潟製TACN-22-1612Aに換装。キハ40形2000番代改造車は＋6000、7000番代（機関の高出力化改造）の2両は＋1000されて、8000番代となった。同様にキハ47形0番代・5000番代（機関の高出力化改造）も換装工事を受けた車両は8000番代となった。キハ40形8101号車　指宿　2013年5月30日
写真／児島眞雄

キハ47形
3500・4500番代

キハ47形の500・1500番代（機関・変速機換装の8500・9500番代を含む）は、寒地仕様でDT44A空気バネ台車を履いているため、勾配線区向けに動力台車を1軸駆動から2軸駆動に改造した。台車枠、揺れ枕装置、第一減速機は新製され、DT44BKとなった。機関はコマツ製SA6D125HE-1（300PS）、変速機をTACN-22-1612Aに換装されている。キハ47形4509号車＋3510号車　日田　2014年7月29日
写真／岸本 亨

キハ47・140形「いさぶろう・しんぺい」

2004年に登場した肥薩線のD&S列車。スイッチバックのある人吉〜吉松間を走る。キハ140形2125号車＋キハ47形9082号車＋キハ47形8159号車の3両編成。いずれも機関・変速機換装車で、改造前はキハ40系では走行できなかった肥薩線に乗り入れる。

キハ47形「指宿のたまて箱」

指宿枕崎線で2011年から運転されているD&S列車。キハ47形8060号車＋キハ47形9079号車の2両編成で、いずれも機関・変速機換装車。キハ140形2066号車が「はやとの風」との共通予備車になっている。

キロシ47形『JRKYUSHU SWEET TRAIN「或る列車」』

2015年8月から運転されているD&S列車。「ななつ星 in 九州」より手軽に乗れるスイーツ列車で、キハ40系で初めての食堂車形式となった。JR四国で廃車になったキハ47形176・1505号車を譲受して内外装を改造。合わせて機関・変速機も更新され、それぞれキロシ47形9176・3505号車となった。

キハ140・147形「はやとの風」→キハ47・140・147形「ふたつ星4047」

2004年に登場したD&S列車「はやとの風」は、キハ140形2066号車＋キハ147形1045号車の2両編成。車体色は黒色で、金色の装飾が施された。2006年にキハ47形8092号車が追加改造され、2012年にはキハ140形2066号車が「指宿のたまて箱」と共通の予備車となった。2022年3月で運転を終了。9月から長崎に移り、真っ白の車体で新しいD&S列車「ふたつ星4047」として再デビューした。キハ47形4047号車（元キハ47形8092号車）＋キシ140形4047号車（元キハ140形2125号車「いさぶろう・しんぺい」）＋キハ147形4047号車（元キハ147形1045号車）の3両編成で、すべて車番が変更されている。上／最新のD&S列車「ふたつ星4047」　左／「はやとの風」

キハ47形「かわせみ やませみ」

2017年に肥薩線で運転を開始したD&S列車。キハ47形の2両編成で、8087号車は青色の「かわせみ」車両、9051号車は緑色の「やませみ」車両となっている。どちらも機関・変速機換装車である。

見た目はキハ48形そのもののキニ58形。強力な2台機関を駆使して電車ダイヤに混じって運転され、常磐線の名物車両として知られた。藤代〜佐貫間　1986年　写真／高橋政士

キハ40系の顔をした キハ58系

キハ40系が登場した当時、郵便車や荷物車の新製は国鉄の財政事情から不可能だった。そこで余剰となっていたキロ28・58形に新製した車体を載せ替えた郵便・荷物車と荷物車が登場した。車体はキハ40系と同寸法のものとなり一見するとキハ40系だが、走行用機関はDMH17H、下まわりもそのままである。

最初に登場したキユニ28形の6両は国鉄一般色で出場。その後増備されたものや、キニ28・58形は首都圏色で新製された。近年、リバイバル色で国鉄一般色になったキハ40系があって新鮮なイメージとなったが、当時のキユニ28形を知る人は、キハ40顔で国鉄一般色という組み合わせは妙に懐かしいものだった。

常磐線用のキニ58形は、本線走行区間はすべて電化区間だったが、始発駅の隅田川駅構内に非電化の部分があったためと、交直流荷物電車を製造するにはコストが割に合わなかったことで気動車となったものだ。しかし、特急列車が走行する常磐線では1台機関付きでは力不足だったため、2台機関付きとされた。

国鉄の荷物列車は1986（昭和61）年11月に全廃となり、常磐線のキニ58形も廃車となったが、同時に活躍していたキニ55・56形と共に、その全開の爆走っぷりは今でも語り継がれている。

第3章
現役キハ40形のディテール

現在も活躍するキハ40形のから、道南いさりび鉄道のキハ40形1700番代(落成時は100番代)と小湊鐵道のキハ40形(落成時は2000番代)のディテールを紹介しよう。同じキハ40形でも前者は酷寒地型、後者は暖地型となるため台車や客室構造などがまったく異なる。両社の協力を得て、普段は見られないところまで撮影させていただいた。

道南いさりび鉄道キハ40形のディテール

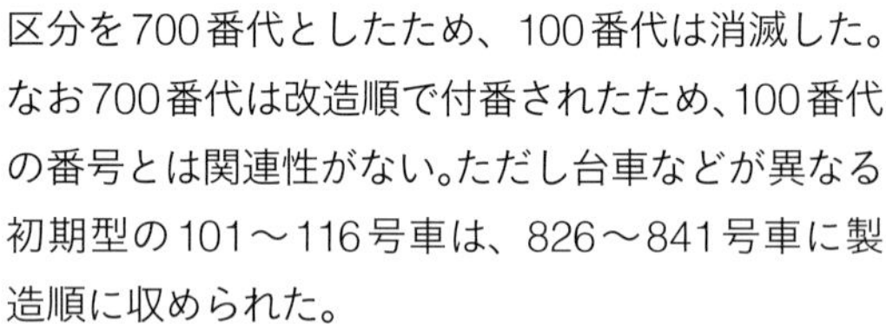

文・写真・資料所蔵 ◉ 高橋政士
協力 ◉ 道南いさりび鉄道株式会社
取材日 ◉ 2020年3月17日
※車両の内容は取材日時点のものです

キハ40形の基本番代ともいえるのが酷寒地仕様の100番代である。道南いさりび鉄道では、100番代をワンマン化・延命改造した1700番代が9両所属している。北海道向けならではの仕様を確認すべく、首都圏色のキハ40形1807号を徹底取材させていただいた。

道南いさりび鉄道を走る9両のキハ40形1700番代

道南いさりび鉄道は、2016(平成28)年3月26日に北海道新幹線が開業するのに伴い、並行在来線としてJR北海道から分離された江差線五稜郭〜木古内間を承継した第三セクター方式の鉄道事業者である。貨物列車が走るので全区間が電化されているが、旅客列車はJR北海道から承継した9両のキハ40形1700番代で運行している。

ここで北海道のキハ40系について簡単に解説しておきたい。1987(昭和62)年に国鉄が分割民営化され、JR北海道では酷寒地型のキハ40形・48形を承継した。間もなく急行「宗谷」用とするため、機関換装や冷房化改造、さらに客室内をキハ183系と同等の座席に交換したキハ400形100番代とキハ480形300番代・1300番代が登場した。

1990(平成2)年度からローカル運用に就くキハ40形100番代のワンマン化改造が始まり、1994(平成6)年度に全車の改造が終了した。この際、番代区分を700番代としたため、100番代は消滅した。なお700番代は改造順で付番されたため、100番代の番号とは関連性がない。ただし台車などが異なる初期型の101〜116号車は、826〜841号車に製造順に収められた。

さらに2003(平成15)年度からは、継続使用するキハ40形700番代について、延命対策として機関換装工事が施工された。これが道南いさりび鉄道でも使用されているキハ40形1700番代である。内容はディーゼル機関を新潟トランシス製DMF13HZIに、液体変速機を直結3段式のN-DW40に換装し、減速機も交換。内装では床材の貼り替え、扇風機をクールファンへ交換、ワンマン運転用機器の更新などを行った。また、水タンクが屋上から室内設置に変更され、外観が変化した。番号は700番代時代のものに1000がプラスされた。

道南いさりび鉄道が承継したキハ40形は、いず

首都圏色をまとうキハ40形1807号車の2-4側と後位前面。連結するキハ40形1798号車は、国鉄時代のキハ40系には存在しなかった国鉄急行色をまとう。かつて北海道でよく見られた、キハ40形とキハ56系で編成を組んだ気動車急行を彷彿させる。

れもディーゼル機関が新潟トランシス製に換装されている。整備担当者に伺うと、他メーカーのものと比べ価格は少々高いが、故障が少なく信頼性は高いとのこと。エア系統の除湿装置、ブレーキ装置などに保温ヒーターが設置されているが、これが故障するとブレーキに不具合が起きるので、点検には気を遣う。また、特に冬季は客室内の暖房に関する機器の点検整備も重要という。

道南いさりび鉄道のキハ40形履歴

現在の車番	700番代の車番	新製時の車番と配置	製造
キハ40形1793(2007/11/26)	793(1993/5/21)	231(1981/4/20)旭川	富士重工業
キハ40形1796(2004/8/16)	796(1993/5/19)	158(1980/1/28)旭川	富士重工業
キハ40形1798(2009/9/18)	798(1993/7/23)	130(1979/10/15)池田	新潟鐵工所
キハ40形1799(2006/3/25)	799(1993/7/28)	193(1980/7/14)旭川	富士重工業
キハ40形1807(2009/11/18)	807(1994/10/1)	131(1979/10/15)池田	新潟鐵工所
キハ40形1810(2011/12/27)	810(1994/7/22)	219(1981/4/6)釧路	富士重工業
キハ40形1812(2006/2/9)	812(1994/11/4)	229(1981/4/20)旭川	富士重工業
キハ40形1814(2008/11/12)	814(1994/10/22)	178(1980/9/13)苗穂	新潟鐵工所
キハ40形1815(2009/7/17)	815(1995/2/8)	179(1980/9/13)苗穂	新潟鐵工所

※(　)は履歴の年月日　※配置、製造の名称は当時

外観

キハ40形1700番代は、100番代をワンマン対応とした700番代に、さらに機関や液体変速機を換装した延命対策車。車体はほぼ原形を保っているが、2-4側車体側面にあった機関用空気吸込口のルーバーは撤去されている。

前部標識灯（前照灯）は前面上部に2灯設置し、球切れの際でも交換せずに運転可能とする。製造当初はシールドビームだったが、現在では自動車のヘッドランプで有名なPIAA製で、H4ハロゲンランプを装着する。

行先表示器として使用している地域もあるが、本来は「普通」や「急行」などの種別を表示する種別表示器。道南いさりび鉄道では、基本的に「ワンマン」を表示して運行する。行先は側面にサボで掲出される。

渡り板（桟板）には連結作業時などに分かりやすいように形式と車号を表記。中央の金具（コマ）は、渡り板を跳ね上げたまま固定するもの。右側に回転させるように持ち上げて渡り板を下ろす。

後部標識灯（尾灯）はJR時代に赤色LEDと透明レンズに交換されたが、1807号車のみ赤色レンズに戻された。タイフォンは二つ折りの笛シャッター装置で、吹鳴時は内蔵されたエアシリンダでシャッターを開く。

銘板は3枚あり、上段が所有者を示す道南いさりび鉄道、中段が新製時の新潟鉄工所（現・新潟トランシス）、下段が2009年に機関と液体変速機を換装した五稜郭車両所のものを装着する。

客用扉にあったタブレット保護棒は、通票閉塞式の廃止後に撤去。左の縦雨ドイは、酷寒地型と寒地型の一部では交換を考慮して露出している。その間は折畳式昇降用足掛

道南いさりび鉄道では形式称号を2位と4位寄りに標記するが、首都圏色と急行色は旧来の車体中央に標記。行先表示板差し（サボ受け）は車体中央部にあり、上から落とし込むタイプ。
※サボの使用は2021年3月12日で終了

車体側面には新鮮外気取入口があり、右下の熱交換器にダクトで導く。左側は機関冷却水の水張込口（給水口）で、真下が機関冷却水タンク。配管の一部を水色に塗り、冷却水系統を表す。

連結器・スカート

キハ40形100番代では、218～250号車はスカートの形状が小変更されたが、1807号車は元131号車なので変更前のもの。連結器は牽引力の小さい小型密着式自動連結器で、貫通幌があるため下作用式を採用。周辺にはジャンパ連結器を多数装備する。

後位側のスカート。4位の元空気ダメ引通管の白色肘コックは、車両の向きが固定されたため使用停止に。連結器左側の電磁ブレーキ用 KE67ジャンパ連結器栓受けは撤去されている。

KE53ジャンパ連結器。制御回路と補助回路で、制御回路はジャンパ連結器栓受けを黄色に塗り誤接続を防ぐ。車体側は栓納め。細いジャンパ連結器はワンマン運転用の制御回路用。

キハ10系など、放送設備が後付けされた車両に対応するため、独立して設けられた放送用の KE66ジャンパ連結器。ケーブルは車体から直に出て、非使用時はジャンパ連結器栓納めに収める。

ジャンパ連結器(4位側)。赤色はワンマン運転の制御関係に使用。大型の KE53(実際には KE94)ジャンパ連結器栓受けは、車両の向きを問わず総括制御できるように両側に設置。現在は車両の向きが固定され、使用停止されている。

黒色のコックがブレーキ(BP)管、白色が元空気ダメ引通(MRP)管。BP は連結器の下で相手車両の2位と連結し、車両の向きに関わらず連結可能。MRP は相手車両の1位(正面)と連結する。

スノープラウ中央寄りの開閉部分は点検蓋。スカート下に雪を巻き込まないように、下が塞がれている。ホース塞ぎの鎖の部分には、スカートに当たらないように手スリ状のガードが付く。

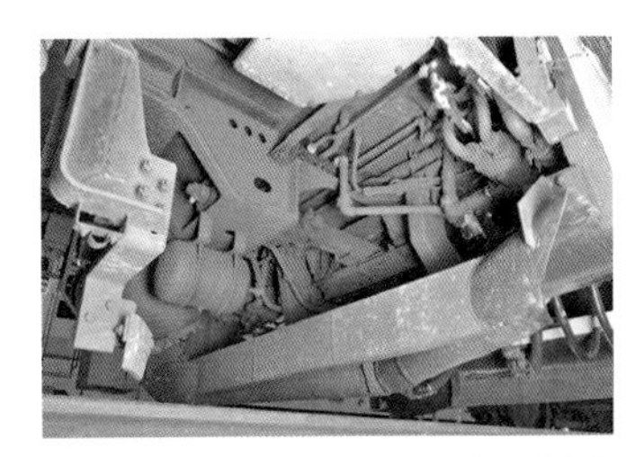

前位側のスカート裏側。キハ40系は暖地型を含めスノープラウを標準装備する。中央のタンクはツリ合イ空気ダメ(EQ)。その上は連結器の緩衝器。気動車はほとんどが動力車のため緩衝器の容量は小さい。

客　室

一般型のキハ40系の座席配置はセミクロス形となる。初期型の内装色は従来型と同じ淡緑色だったが、設計変更が行われた後はクリーム色となって、ローカル列車のイメージを一変させた。

前位側から後位側を見た車内。扇風機以外はほぼ原型で、紺色のモケットは国鉄時代のまま。今なおきれいな車内は、登場当時の明るく新鮮な印象を彷彿させる。

後位側から前位側を斜めに見た車内。ダクトによる壁面の凹凸や一番手前の2人掛け席などがよくわかる。側窓は酷寒地仕様ならではの二重窓。一部の窓間に扇風機のスイッチが付く。

2人掛け座席はキハ40形117号車以降に見られる席で、ある意味キハ40形の特等席。網棚の上は暖房用のリターンの吸込口で、側面にダクトが仕込まれるため、この部分の座席幅は他席より狭い925mmとなる。

国鉄時代の原形を留めるクロスシートは、12系客車などと同じデザインだが、一般型であるため窓側には肘掛けがなく幅も若干狭い。座布団は幅965mm、奥行き430mm。窓下にあるステンレス製の覆いは温風ダクトで、吹出口は座席の真下にある。

客室両端のデッキ寄りはロングシートで、混雑時の立席を増やしている。写真は前位側で7人分の席となる。

従来のオルピット(首振り)型扇風機に代わって取り付けられたクールファン。四角い箱が天井からぶら下がっているので雰囲気的にはあまりいただけないが、整備性を考えれば仕方ないところだろう。

近年は空調装置に組み込まれたものが多いため、室内側に単独で設置されるベンチレーターは珍しくなった。寒地型ではFRP製のカバーが付く。中央のレバーで開閉でき、開位置で外気が入る。

キハ40系独特の車内設備である暖房時のリターンダクト。キハ40形100番代では、117号車以降は位置が変更されたため、窓配置や座席配置が変化した。温風暖房が動作する音もキハ40系独特のもの。

室内化粧板の継目の上側、天井のR部分に設けられているスピーカー。キハ22形では後付けのスピーカー箱が天井からぶら下がっていたので、登場時は大変スマートに見えた。

吹寄部分にある扇風機(クールファン)の個別スイッチ。暖房使用停止期に赤いボタンを押すとクールファンが動作する。扇風機は換装されたが、このスイッチは原型のまま残る。

床上には、壁面に沿って温風暖房があり、座席の下には吹出口が設けられている。車内を足元から暖める。

荷棚は網状のもので、客室全体に設置されている。吊手はロングシート部分のみに設けられる。

キハ40形100番代は、キハ22形とともにローカル急行で運用されていたため、座席番号表示が付く。ほかにもデッキ付きのキハ40形やキハ48形、さらにキハ47形にも取り付けられている。写真はロングシート部分。

キハ35系以降は機関運転中でなければ蛍光灯を点灯できないため、機関を停止すると非常灯点灯に変わる。灯具は直流24V入力で、インバータによって蛍光灯を点灯させる独立型のため、電車などと違い各灯具に電球式の非常灯が設けられた。

出入台

酷寒地仕様のキハ40形100番代では、客用扉と客室の間に出入台が設けられている。現在はワンマン運転を行うため、乗務員室仕切りの扉部分に運賃箱が設けられている。

ほぼ原形を留める道南いさりび鉄道のキハ40形において、妻面は車内で最も大きな変化をしている箇所。貫通扉を撤去した場所に運賃箱、その上部に料金表を設置。運転席背面の窓もワンマン化に伴い設置された。

4位の客用扉。各扉の内側はステンレス無塗装となっている。外側に通票キャリア保護柵が取り付けられていた名残で、窓ガラスが車内側に1段凹んで取り付けられているのが分かる。

便 所

キハ40形は、4位に便所が設けられている。道南いさりび鉄道では現在も使用されている。

便所内には手洗いの蛇口も設置。ペダルを踏むと水が流れる。

4位側の客室にはみ出した形で設置された便所。扉は客室ではなく、臭気漏れを防ぐため出入台から出入りするように設けられている。

ステンレス製の和式便所。足下のペダルを踏むと、薬品入りの水が流れる。真空式が増えた現在では懐かしい設備。

便所が使われているか否か客室からも分かるように、客室の壁面には「便所使用知らせ燈」があり、施錠すると点灯する。

側窓

酷寒地仕様のキハ40形100番代は、冬季の冷え込みを抑えるため、一段上昇式の二重窓になっている。JR世代の車両では窓の開き方が変わり、固定窓も増えているので、懐かしい設備だ。

二重窓を閉めた状態の側窓。車窓からは湾の向こうに函館山を望む。

二重窓の内窓。裾の両側にロックがあり、これを解除すると上に開けられる。

内窓を開けると、通常の一段上昇窓と同じ、昔ながらのつまみのある側窓(外窓)が現れる。

客室の日除けにはロール式カーテンを設置する。

内窓を全開し、外窓を5段目まで開けた状態。外窓、内窓、日除けとレールが3本あるのが分かる。

2人掛け席も、もちろん二重窓が使用されている。クロスシートと同様に開閉可能な窓で、窓のロックは裾の両側に付く。

屋上機器

屋上機器といっても、現在も非冷房なので押込型通風器が並ぶのみである。キハ40系は後年に冷房改造された車両がほとんどなので、ほぼ原形を保つ北海道の車両は貴重である。

屋根まで山吹色に塗装されたキハ40形1814号車の屋上。四角い押込型通風器が交互に並ぶ。列車無線アンテナ後方の通風器が両側に設置される部分は、水タンクが設置されていた箇所。機関換装に伴って排気管の形状も変更されている。

運転室

キハ40系の運転台は、従来型と操作方法を合わせるため、主幹制御器（マスコン）やブレーキ弁などは手前側に10度傾けて操作性を高めているが、基本的に同じものを使用している。JR承継後は各社においてさまざまな改造を受けた。

後位側運転台。右ページの図（新製時）と見比べると、運転保安装置や列車無線、ワンマン対応などの改造は行われているが、見た目にはほぼ原型といえる。座席は本来前向き固定だが、ワンマン対応のため回転式となった。ペダルは、ブレーキ弁の下はタイフォン、マスコンの下はデッドマン装置。運転中はこれを踏み続け、運転士に異常があってペダルから足が離れると非常ブレーキが作動する。

手前側に10度傾けて設置された主幹制御器。マスコンの外観は以前のままだが、延命工事の際に無接点化され、中身は違うものになっている。右側に改造のプレートが付く。

ブレーキ弁も10度傾けて設置される。

メーターは左から速度計、中央が双針圧力計（赤針：元空気ダメ、黒針：ツリ合イ空気ダメ）、右側が双針圧力計（赤針：ブレーキシリンダ、黒針：ブレーキ管）。写真は停止中で常用ブレーキが作用しており、ツリ合イ空気ダメとブレーキ管圧力は同じ圧力を示し、ブレーキシリンダ圧力がほぼ常用最大圧力を示す。

マスコンとブレーキ弁の間にあるスイッチ。左からATS-SN、機関B、前灯、前灯減光。

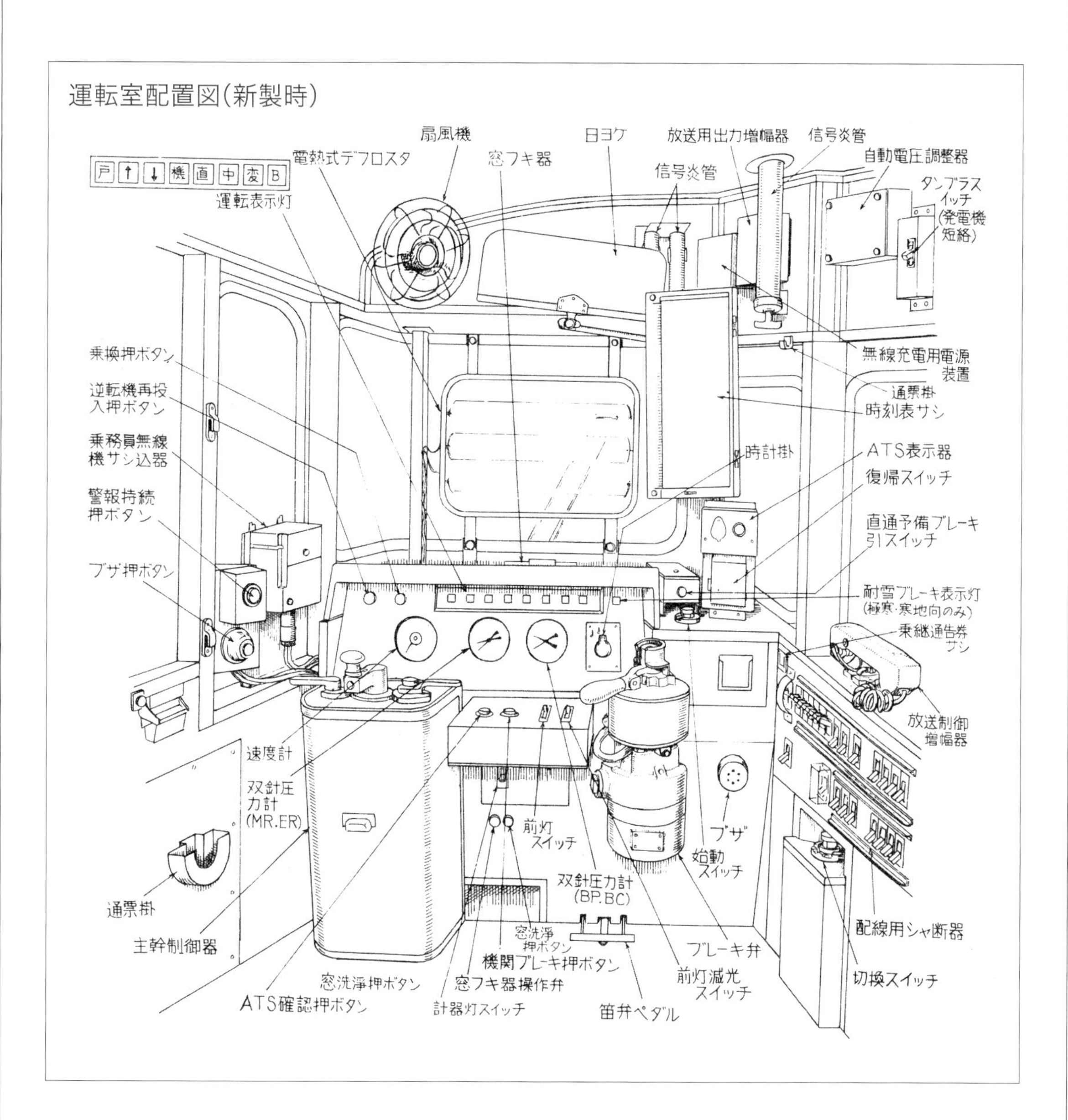

後位運転台の右側面にスイッチが並ぶ操作盤。前位側の運転台とは配置が異なり、補助的なスイッチのみ配置される。表示器の操作盤や防護無線などが追加されている。

操作盤の下には、この運転台が編成のどの位置になるかを選択する切換スイッチがある。

キハ40系では、急行形のように運転席側に開閉可能な小窓が設置された。左下にあるノッチを引いて、取っ手を下げて下側へ開く。閉める時は窓を上げれば自動的にロックがかかる。

助士席

キハ40系登場時は、通票（タブレット）を使用する通票閉塞式の路線が多かったため、通票の授受要員として気動車運転士助士が乗務していたため助士席も用意されている。両運転台付きの場合は機器配置が異なる。

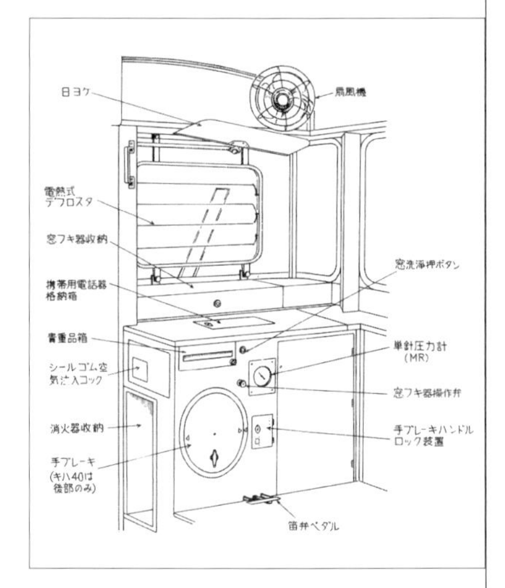

後位側助士席。右の図は新製時のもの。後位側には前面窓の下に留置用の手ブレーキがある。通票閉塞式の廃止に伴い助士の乗務が廃止され、省略された機器も多い。前面窓の電熱式デフロスタは熱線入りガラスに交換された。図の「消火器収納」の上にある「シールゴム空気流入コック」は、貫通扉の「膨張性シールゴム」にエアを送り込み、膨張させて隙間風を防ぐためのもの。

助士席には椅子も残されている。背後の壁面にドア開閉スイッチが見える。

助士席の前側にある手ブレーキ。キハ40形は後位のみに備わる。

客用扉の開閉スイッチ。ワンマン運転なので、運転士が都度立って操作する。

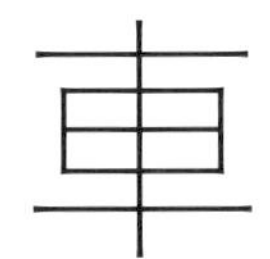

台車

暖地型はコイルバネのDT22D・TR51Cを採用するが、酷寒地型と寒地型では雪氷によるバネ作用の低下を避けるため、枕バネには空気バネを、軸バネにはコイルバネをゴムで被覆したエリゴバネを用いたDT44A・TR227Aが採用された。

後位側のTR227A台車。DT44Aも横から見た外観は変わらない。形態的には201系電車のDT46に似ている。ブレーキシュウの間にある制輪子自動スキマ調整装置は、制輪子が減っても自動的に行程を調節する。

DT44A台車の構造図

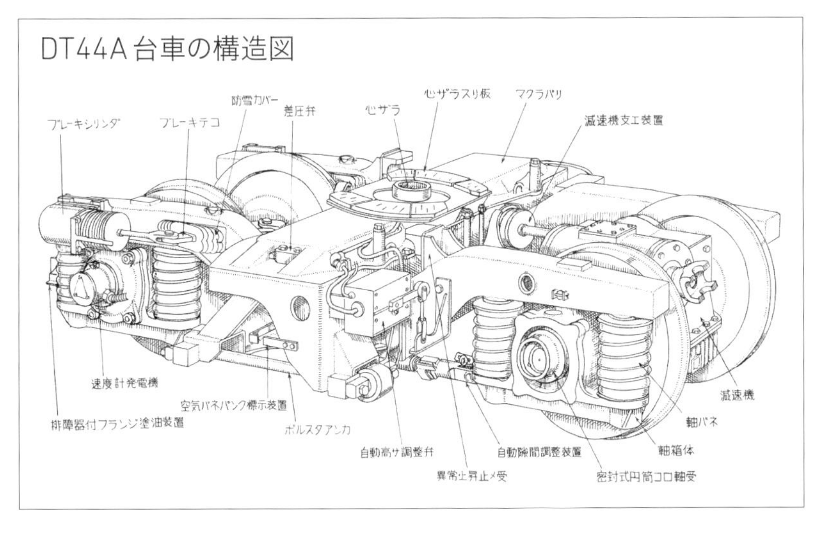

車体直下の逆L字形の部分が枕梁で、心皿を介して車体重量を受ける。台車枠との間にはダイヤフラム型空気バネがある。車体重量は枕バネを介して台車枠→軸箱支持装置→輪軸と伝えられる。

ブレーキシリンダは台車枠に付き、左右で独立した構造の片押し式である。シリンダ押し棒から最初のブレーキテコが台車枠を貫通しているので、雪氷が入り込まないように防雪カバーが付く。

軸箱支持装置は、初期のDT44・TR227ではペデスタル式だったが、摺動部の露出をなくすためエリゴバネを使用した乾式円筒案内式に変更され、メンテナンス性が向上した。

床下機器

道南いさりび鉄道のキハ40形は、機器配置こそ新製時と大きな変化はないが、JR北海道時代に機関と液体変速機の換装が行われており、機関周りの床下機器は大きく変更されている。

1位

5　N-DW40液体変速機

除湿装置(左縦長)
8　整流器箱　　36　ディーゼル機関

3　第2消音器

4　蓄電池箱

21　減速機

2位

2　元空気ダメ

22　第1消音器

空気は円筒形の遠心式空気清浄機(24)から、中央やや左の過給器を通り、N-DMF13HZIディーゼル機関(36)上側の吸気マニホルドへ。燃焼後、下側の排気マニホルドから過給器を通り左の金属タワミ管に流れる

キハ40形100番代落成時の床下機器配置図(上から見た配置)

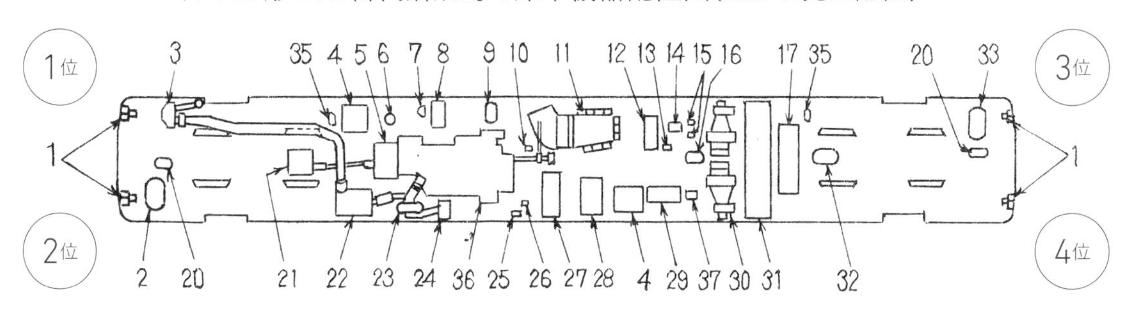

1.KE53ジャンパ連結器セン受
2. 元空気ダメ
3. 第2消音器
4. 蓄電池箱
5. 液体変速機
6.JM チリコシ
7. 消音器
8. 整流器箱
9. ドレンダメ
10. 逆転機表示灯箱
11. 床下放熱器
12. ブレーキ制御装置
13.E 吐出シ弁
14.S 抑圧装置
15. 複式逆止メ弁
16. 定圧空気ダメ
17. 汚物処理装置
20. ツリ合空気ダメ
21. 減速機
22. 第1消音器
23. 空気清浄器
24. 遠心式空気清浄器
25. 充電調整器
26. 制御回路スイッチ
27. 接触器箱
28. 機関予熱器
29. 機関冷却水タンク
30. 熱交換器
31. 燃料タンク
32. 予備ブレーキダメ
33. 供給空気ダメ
35. 緩衝空気ダメ
36. ディーゼル機関
37. 抑圧装置

※各写真の番号は、機器配置図の引出線番号を示すが、位置が変更されているものもある。
写真の配置は実際の並びを配慮した。

11 床下放熱器

3位

14 S抑圧装置(左縦長)
12 C26Aブレーキ制御装置(中央)

33 供給空気ダメ

35 緩衝空気ダメ(上)
17 汚物処理装置(下)

30 熱交換器

4位

25 充電調整器(左) 26 制御回路スイッチ(上)
27 接触器箱

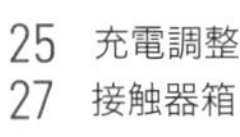

31 燃料タンク(左) 17 汚物処理装置(右)

28 機関予熱器(左) 4 蓄電池箱(中) 29 機関冷却水タンク

37 抑圧装置(左縦長) 30 熱交換器(右)

道南いさりび鉄道を支える9両のキハ40形

道南いさりび鉄道では、発足にあたりJR北海道から9両のキハ40形を導入した。各車両は道南の四季をイメージした塗色に変更され、カラフルなカラーバリエーションで乗る人を楽しませる。なお、どの塗色がどの列車に入るかは、公式ホームページでチェックできる。

「ながまれ号」 待宵藍(まつよいらん) キハ40形1793号車
席間にテーブルがあり、観光列車として使用できる。通常はテーブルを格納して普通列車でも使用される。写真提供/道南いさりび鉄道

旧国鉄急行色 キハ40形1798号車

旧国鉄首都圏色 キハ40形1807号車

山吹色
咲初（さきぞめ・春）
キハ40形
1812号車（左）・
1814号車（右）

「ながまれ号」
待宵藍（まつよいらん）
キハ40形1799号車

2両ある「ながまれ号」のうちキハ40形1799号車は、2022年5月に塗色が小変更され、星や街明かりのない装いになった。
写真提供／道南いさりび鉄道

濃赤色　豊穣（ほうじょう・秋）　キハ40形1796号車

白色　禊（みそぎ・冬）　キハ40形1815号車

濃緑色　夏木立（なつこだち・夏）
キハ40形1810号車
写真提供／道南いさりび鉄道

小湊鐵道キハ40形のディテール

自社投入したキハ200形が活躍してきた小湊鐵道だが、2021年からキハ40形が活躍を始めた。登場時より首都圏では珍しいキハ40形とあって、ファンの人気と注目を集めている。元2000番代4両、1000番代1両の計5両がやってきた小湊鐵道で、暖地仕様のキハ40形を徹底取材させていただいた。

文・写真 ◉ 高橋政士、林 要介(「旅と鉄道」編集部)
協力 ◉ 小湊鐵道株式会社

取材日 ◉ 2022年9月22日
※車両の内容は取材日時点のものです

内燃機関受難の時代を引き継いだキハ40形

現在、最も注目を集めているキハ40系の一つが、小湊鐵道にやってきた5両のキハ40形であろう。国鉄・JR時代は、首都圏での活躍実績が少ないキハ40系だが、いま、首都圏から最も気軽に行ける国鉄型気動車とあって、乗車や撮影に訪れるレイルファンは多い。

小湊鐵道は、JR内房線の五井と上総中野とを結ぶ純民間私鉄である。創業は1917(大正6)年、営業開始は1925(大正14)年という長い歴史がある。バス事業も盛んで、路線バスのほか、房総半島と首都圏を結ぶ高速バスが頻繁に運行されている。終点の上総中野では国鉄・JR木原線を承継した第三セクターのいすみ鉄道と接続し、JR外房線の大原へと鉄道で房総半島を横断できる。通勤通学輸送や沿線の用務客のほか、養老渓谷への観光客や房総半島を横断する旅人など、多くの人に利用されている。

主力となる車両は、1961(昭和36)年から14両が投入されたキハ200形気動車である。国鉄キハ20形に準じた設計で、機関は今や希少になったDMH17Cを搭載している。しかし、同社鉄道部車両工務課課長の荒井康伸さんに伺うと、他社からDMH17機関搭載車がいなくなり、製造が終わった部品も多く、今後の維持管理が課題になったという。

一方で、排気ガス問題が急速に進展し、内燃機関を動力とする交通機関は、難しい局面に入っている。ハイブリッド車や電気式気動車(GV)は高価で、中小私鉄では導入が難しい。一方で、軽快気動車のようなディーゼルカーを新製投入しても、いつまで内燃動車が走れるか、メンテナンスをしてくれる会社があるかなど、20年先が読めない状況だという。

そこで同社では、JR東日本から営業運転を終えたキハ40形を導入することを決断した。車両そのものは40年以上経っているが、ディーゼル機関が

カミンズ製の新しいものに換装されているため、部品供給面で長期的な安心感があるという。

2021(令和3)年4月に導入したキハ40形1・2号機は、前年までキハ40形2021・2026号車として只見線を走っていた車両。キハ40形1号機はキハ200形と同じ小湊鐵道カラーに一新したが、キハ40形2号機は東北地域本社色のまま運転を行っている。7月下旬にはさらに首都圏色の2018・1006号車と男鹿色の2019号車が到着し、元の塗色のまままそれぞれキハ40形3・5・4号機として営業運転に就いている。キハ200形よりも冷房がよく効くため、特に真夏の快適な輸送に大いに貢献したという。

※小湊鐵道では付随台車側を前位としていますが、本稿では国鉄気動車の位置呼称に沿って、機関側(動力台車側)を前位としています。

小湊鐵道のキハ40形履歴

現在の車番(小湊鐵道社内登記)	改番	新製時の車番と配置	製造
キハ40形1(2021/4/1)	ー	2021(1979/6/7)水戸	富士重工業
キハ40形2(2021/4/1)	ー	2026(1979/6/7)水戸	富士重工業
キハ40形3(2021/5/1)	ー	2018(1979/5/25)宇都宮	富士重工業
キハ40形4(2021/5/1)	ー	2019(1979/5/25)宇都宮	富士重工業
キハ40形5(2021/5/1)	1006(1987/3/9)	2016(1979/5/25)宇都宮	富士重工業

※(　)は履歴の年月日　※配置、製造の名称は当時

本線デビューに向けて整備を行うキハ40形5号機(元1006号車)の脇を通り、給油線に向かうキハ40形1号機(元2021号車)。

キハ40形5号機（元1006号車）の前位と2-4位側。走行用機関もこちらの前位側の台車を動かす。本線走行に向けた整備中で、台車や機器類がきれいな状態だ。

外観

小湊鐵道のキハ40形は、5両とも暖地仕様の2000番代として落成した車両である。機関が換装され、冷房化改造を受けているが、そのほかは車体も機器も原形を保っている。二段上昇窓や枕バネの台車からなる外観は、道南いさりび鉄道の1700番代（元100番代）と比べ大きな違いを見せる。

前部標識灯（前照灯）は前面上部に2灯設置。シールドビーム灯を使用するがレンズ形状に違いがある。

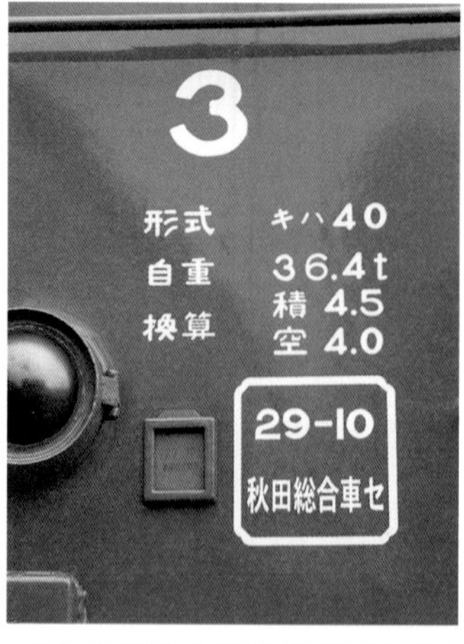

1位の妻面（前面）には換算重量や検査標記などを標記。写真は3号機で、平成29年10月に秋田総合車両センターで全般検査を受けている。

銘板は3枚あり、JR時代のままである。上段が所有者を示すJR東日本、中段が新製時の富士重工、下段が2002年に機関を換装した土崎工場を装着する。後部標識灯（尾灯）はオリジナルの赤色レンズ。タイフォンは二つ折りの笛シャッター装置で、吹鳴時は上部に内蔵されたエアシリンダによりシャッターを開く。

種別表示器の上には秋田時代に装着された衛星電話アンテナ保護柵が残る。この後ろにはアンテナが設置されていた。

キハ40形3号機(元2018号車)の後位と3-1位側。客用扉にはタブレット保護棒が付く。後位側になるため、銘板や検査表記が記されている。

キハ40形5号機の2位側面。客用扉はステップのある片開き式。戸袋部分に小湊鐵道の略称K.T.K.のロゴが入る。Hゴムは JR 時代に黒色に交換されている。

3号機の客用扉の窓部分には通票キャリア保護柵が取り付けられている。国鉄時代の新製時を彷彿とさせる、キハ40形らしい外観になる。

側窓は二段上昇式のユニット窓。当時の一般形車両では標準的な様式だ。写真は窓間に車側灯がある部分。

客　室

小湊鐵道のキハ200形はロングシートだったが、キハ40形はセミクロスシートとなった。2000番代にデッキはなく、客用扉を入るとすぐに客室になる。なお、4位側には便所が設けられているが、小湊鐵道では使用していない。また、元1000番代車は撤去されている。

前位側から後位側を見た3号(元2018号車)の車内。1700番代(元100番代)よりも窓が大きく、開放感がある。冷房化改造されて、扇風機は撤去されている。モケットは明るいグレー色に張り替えられている。

クロスシートの本体は国鉄時代の原形を留めるが、モケットや手すりが変更されて明るい印象だ。座布団は幅965mm、奥行き430mm。窓下には1700番代と同様に温風ダクトのステンレス製覆いがある。

2000番代にも後位寄りに2人掛け座席が設けられている。写真は4位側で、後方(左側)のロングシートは色分けされて優先席になっている。

天井の肩部に冷房のダクトを設置。通路側への細長い吹出口と、座席への丸形の吹出口が付く。スピーカーもダクトに設置されている。荷棚は網状で、前後長は座席部分全体に及ぶ。

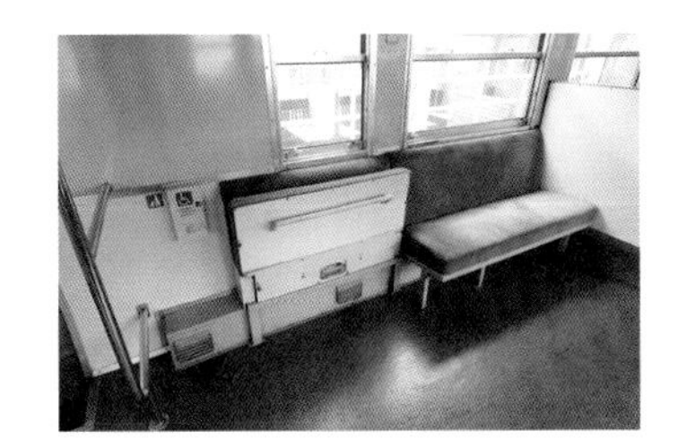

1位側のロングシートには車椅子スペースが追加改造されている。

2位側のロングシートはボックス席側2席が優先席、客用扉側が一般座席。シートモケットのほか、手すりも黄色いものが用いられる。

後位側の妻板を客室から見る。デッキはなく、便所が客室にはみ出している。

1700番代(100番代)は出入台付きだったが、2000番代は出入台がないため、便所部分が独立したようになっている。小湊鐵道では使用してなく、施錠されている。

前位側の妻板は、JR時代に装備していた運賃箱や料金表は撤去され、フルカラーモニターを設置。

側窓

暖地向けのキハ40形2000番代は、上段も下段も上に開く二段上昇窓のユニット窓が備わる。本来は上下段とも全開するが、JR時代に下段に制限が加えられた。窓上には各席に席番号が振られている。

二段上昇窓を閉めた状態の側窓。

下段の窓を1段上げた状態。

下段の窓を2段上げた状態。下段が開くのはここまで。

上段の窓を開けた状態。全開状態でストップする。

上段の窓を全開し、下段の窓も2段目まで全開した状態。

窓を全閉し、カーテンを1段目まで下げた状態。

窓を全閉し、カーテンを2段目まで下げた状態。

窓を全閉し、カーテンを4段目まで完全に閉めた状態。

屋上機器

小湊鐵道が導入したキハ40形は、AU26J-A冷房装置を2基搭載しているので、屋根上が大きく変わっている。便所の使用を停止しているが、水タンクは残されている。

キハ40形1号機（元2021号車）の屋根全景。車体中央寄りに2つある、明るい灰色の四角い箱がAU26J-A冷房装置。アンテナ保護柵の形状もよく分かる。

後位寄りの一段低い屋根には便所の水タンクを設置する。内部には250ℓの水タンクが2個収まる。なお、便所を撤去改造した元1006号車の5号機はタンクがない。

冷房は小型のインバータクーラーを2基搭載する。屋上の冷房装置は本来はバス用に開発された小型軽量のもので、これを2台搭載している。コンプレッサは床下にあるため冷房装置自体は小型。

インバータクーラーの脇には、床下からの冷媒配管を覆う四角いカバーがある。中央にはベンチレーターが1基残されている。

運転室（前位）

キハ40形の運転台は、衝突時の運転士安全確保のため、高い位置に設けられている。前位側は主要な機器やスイッチ類が設けられているが、キハ40形ではその違いは分かりにくい。

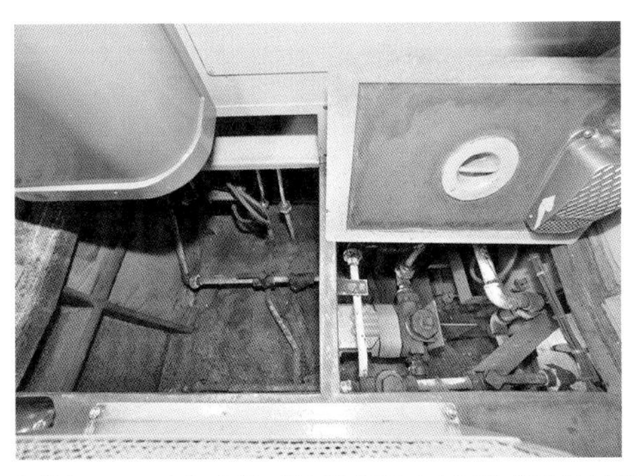

整備中のキハ40形5号機の運転席床下を上から見た様子（左）と床から見た様子（右）。電磁弁などが収められている。

キハ40形3号機（元2018号車）の前位側運転台。客室との仕切り扉から見ると、床から大変に高い位置にあることが分かる。運転席の座席も、客室と同じモケットに張り替えられている。座席の下は温風暖房器。

キハ40形3号機（元2018号車）の前位側運転台全景。ほぼ JR 時代の装備のままである。上部にある扇風機には JNR マークが入る。

前位運転台の右側面にスイッチが並ぶ操作盤。上段の室内灯、終夜灯などは前位側のみに設置。下にある冷房装置のスイッチも前位側のみにある。その左はこの運転台が編成のどの位置になるかを選択する切換スイッチ。

運転室後部の壁面。非常弁と車掌スイッチがある。

計器灯を点灯した様子。メーターは左から速度計、中央が双針圧力計（赤針：元空気ダメ、黒針：ツリ合イ空気ダメ）、右側が双針圧力計（赤針：ブレーキシリンダ、黒針：ブレーキ管）。写真は停止中で常用ブレーキが作用しており、ツリ合イ空気ダメとブレーキ管圧力は同じ圧力を示し、ブレーキシリンダ圧力がほぼ常用最大圧力を示す。

運転席の前面上部。JNRマークが入った扇風機と旧番号「キハ40 2018」のナンバープレートが付く。

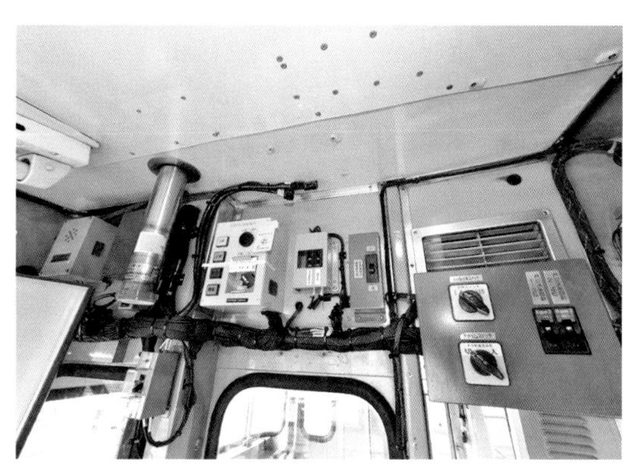

運転席右側の上部。ワンマン運転用の半自動切換スイッチ、ATS装置などが改造により設置されている。

運転席左側の上部。正弦波パワーインバータ装置があり、背後の緊急列車停止装置(EB装置)につながっている。

運転席後方の上部。棚には緊急列車停止装置(EB装置)が搭載されている。右の白い箱は冷房の吹き出し口。

前位側の助士席。気動車運転士助士が乗務する椅子が設けられているが、小湊鐵道では袋が被せられて使用していない。正面には「ATS運転台切換リレー箱」が収まる。

助士席から運転室壁面と前面の上部を見る。左の大きな箱は戸ジメ半自動継電器箱。

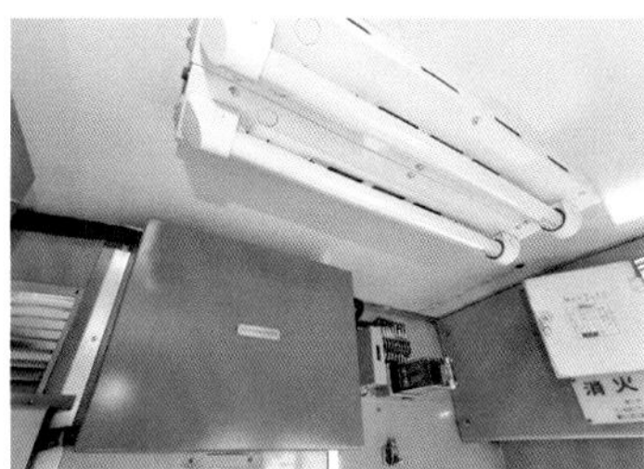

助士席後部の壁面。非常弁と車掌スイッチがある。右の窓内にあるのは新鮮外気と暖房元のスイッチ。

運転室（後位）

キハ40形の後位運転台の見た目は、前位側と大きな違いはない。

キハ40形3号機（元2018号車）の後位側運転台。計器類やスイッチ類を見ても、前位側と大きな違いはない。

ブレーキハンドルを装着した状態のブレーキ弁。手前側に10度傾けて設置される。

運転台の右側面にスイッチが並ぶ操作盤は、前位と後位の違いを感じる部分。前ページの写真と見比べると、スイッチが若干少ないのが分かる。

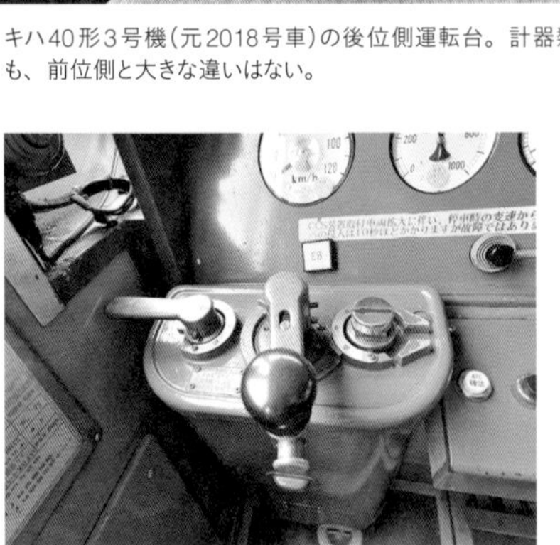

主幹制御器は従来型と同じものだが、手前側に10度傾けて設置されている。

計器類と主幹制御器、ブレーキ弁。間には前灯とATSのスイッチがある。ブレーキ弁の左下にあるペダルはデッドマン装置。

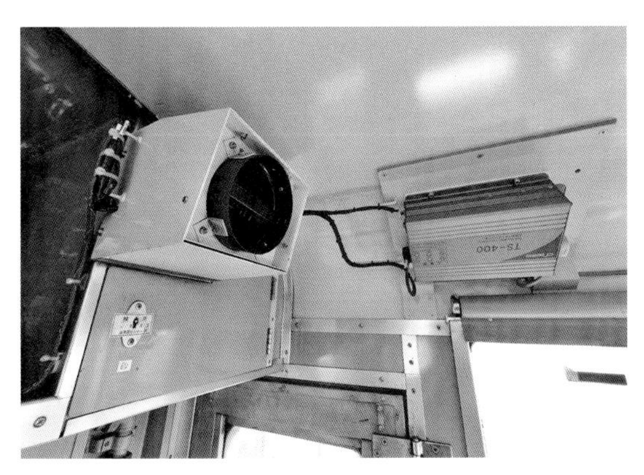

運転席左側の上部。前位側と同様に正弦波パワーインバータ装置がある。

運転席右側の上部。ATS装置は設置されているが、ワンマン運転用の半自動切換スイッチは付かない。筒状のものは信号炎管。

運転席後方の上部には、こちらも緊急列車停止装置(EB装置)が搭載されている。

運転室後部の壁面。非常弁と車掌スイッチがある。

種別表示器は手動でハンドル操作し、所定の幕を表示する。

後位側の助士席。こちらの正面には留置用の手ブレーキがある。

床下機器

小湊鐵道のキハ40形は、機関が換装されているので、エンジン周辺の機器配置が異なっている。取材はキハ40形5号車で行ったが、元1006号車のため、便所と汚物処理装置が撤去されている。

2　元空気ダメ

4　蓄電池箱

36　DMF14HZディーゼル機関

9　ドレンダメ

下：遠心式空気清浄器
上：機関用吸気口

3　第2消音器

36　DMF14HZディーゼル機関（奥左）
5　液体変速機（奥右）
手前の円筒形は遠心式空気清浄機

10　逆転機表示灯（右上）
奥：送風機駆動装置
コグベルト

1　KE53ジャンパ連結器セン受

1位

21　減速機

左の第1消音器と第2消音器をつなぐ排気管（上）　推進軸（下）

5　液体変速機と一体の逆転機
（推進軸左は正転逆転電磁弁）

2　第2元空気ダメ

19　ブレーキシリンダ

機関潤滑油、変速機油熱交換器
（機関換装に伴い設置）

DT22D台車（動軸側にはJR時代に砂箱を増設）

22　第1消音器　消火器（右）

25　充電調整器（左）
26　制御回路スイッチ（右）

国鉄キハ40形一般形気動車

キハ40形2000番代落成時の床下機器配置図(上から見た配置)

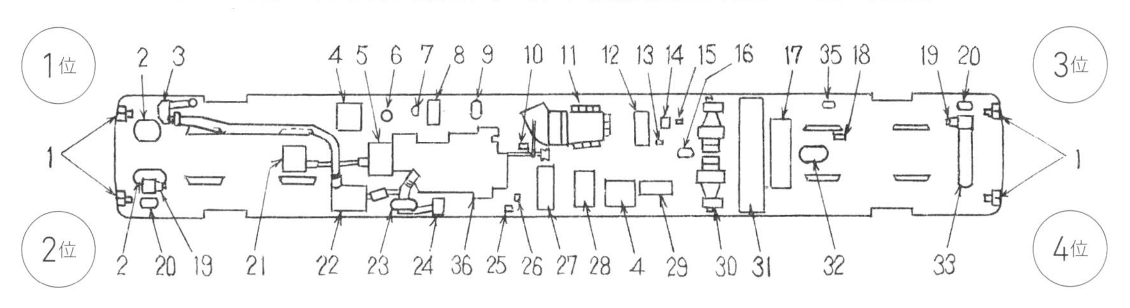

1.KE53ジャンパ連結器セン受
2. 元空気ダメ
3. 第2消音器
4. 蓄電池箱
5. 液体変速機
6.JM チリコシ
7. 消音器
8. 整流器箱
9. ドレンダメ
10. 逆転機表示灯箱
11. 床下放熱器
12. ブレーキ制御装置
13.E 吐出シ弁
14.S 抑圧装置
15. 複式逆止メ弁
16. 定圧空気ダメ
17. 汚物処理装置
18. 測重弁
19. ブレーキシリンダ
20. ツリ合空気ダメ
21. 減速機
22. 第1消音器
23. 空気清浄器
24. 遠心式空気清浄器
25. 充電調整器
26. 制御回路スイッチ
27. 接触器箱
28. 機関予熱器
29. 機関冷却水タンク
30. 熱交換器
31. 燃料タンク
32. 直通予備ブレーキダメ
33. 供給空気ダメ
35. 緩衝空気ダメ
36. ディーゼル機関

※各写真の番号は、機器配置図の引出線番号を示すが、位置が変更されているものもある。写真の配置は実際の並びを配慮した。

TR51C台車

11 床下放熱器

31 燃料タンク

12 C26Aブレーキ制御装置

30 熱交換器(奥)
14 S抑圧装置(右縦長)

13 E吐出シ弁

16 定圧空気ダメ(手前円筒形)
30 熱交換器(車内暖房用・奥)

20 ツリ合空気ダメ

32 直通予備ブレーキダメ

33 供給空気ダメ

30 熱交換器。左下は冷却水配管で、水色の部分は注水三方コック。左の箱の裏が冷却水タンク

27 接触器箱

接触器箱のふたを外した様子。検修ではここで機関を起動する。

28 機関予熱器

4 蓄電池箱

33 供給空気ダメ
ATSはS型だが、JRのものとは若干異なるため、左にある車上子は新たに設置された

小湊鐵道に加わった5両のキハ40形

小湊鐵道には現在５両のキハ40形が在籍しているが、１号機が小湊鐵道カラーに塗色変更されたほかは、JR時代の塗色を踏襲している。JR時代は離れた場所にいた東北地域本社色と男鹿線色も、ここでは度々並んでいる。里山を走るので、緑色のカラーも思いのほか沿線になじんでいる。

キハ40形1号機　小湊鐵道色　　五井機関区　2021年6月15日　写真／高橋政士　撮影協力／小湊鐵道株式会社

キハ40形2号機　東北地域本社色　　上総鶴舞～上総久保間　2021年4月23日　写真／押方将志

キハ40形3号機　首都圏色　　五井～上総村間間　2022年7月30日　写真／押方将志

キハ40形4号機　男鹿線色　　五井～上総村上間　2022年6月12日　写真／押方将志

キハ40形5号機　首都圏色　　五井機関区　2022年9月22日　写真／高橋政士　撮影協力／小湊鐵道株式会社

新天地で活躍するキハ40系

国鉄で投入され、JR6社に足跡を残したキハ40系は、新天地に移って次の活躍をしている車両もある。第2章で紹介した道南いさりび鉄道と小湊鐵道のほかにも、民鉄3社が導入。さらに海外で走り続ける仲間もいる。

会津鉄道 AT-400形

JR以外への最初の譲渡車。2003年に導入され、観光列車用の展望車「風覧望」(ふうらんぼう)に改造。「お座トロ展望列車」で運行されている。写真は旧塗色。

錦川鉄道 キハ40-1009

烏山線で引退したキハ40形1009号車を2017年に導入。内外装は変更ないが、サイドミラーが追加されている。主にイベント列車で使用されている。

北条鉄道 キハ40-535

秋田地区で引退した五能線カラーのキハ40形535号車を2021年に購入。2022年3月から、土休日を中心に通常の営業列車として運転されている。

ミャンマー国鉄

JR北海道・東日本・東海の3社から譲渡され、それぞれの車体色のまま活躍している。海外へはほかにベトナム国鉄へ、JR東日本から譲渡されている。

第4章

キハ40系の足跡

北海道から四国、九州まで、全国の非電化路線に足跡を残したキハ40系。そのエリアは広すぎて完全に拾うことは難しいが、地域単位で調べてみた。活躍した路線の一方で、走行できなかった勾配路線、暖地向けのキハ47形と寒地向けのキハ48形のエリアの違いなど、興味深い内容となった。

全国に残された キハ40系の足跡

文◉岩成政和

1977（昭和52）年から1982（昭和57）年までの5年間に8並びの888両が製造された40系気動車（キハ40形、キハ47形、キハ48形）。大量量産系列としては国鉄最後の一般形気動車であり、全国に足跡を残し今も活躍中である。そんなキハ40系の活躍の足跡をたどってみたい。

本稿では普通列車を中心とした定期列車への運用に注目し、臨時列車への運用、お座敷車や近年の観光用列車などに関する記述は省いた。また車両関係の変化（機関換装や車内改造による改番や、民営化以降の各地の塗色変遷や国鉄色復刻など）については特記すべき事項以外は省略したので、ご了解いただきたい。

中湧別と網走をオホーツク海沿いに結んだ湧網線にも足跡を残したキハ40形。湧網線は国鉄分割民営化直前の1987年3月20日に廃止された。サロマ湖畔を行くキハ40形156号車　芭露～志撫子間　1986年7月19日　写真／高橋政士

総説 キハ40系の走った路線・走らなかった路線

1 地域に合わせたフルラインナップで全旅客会社に承継

キハ40系は3形式しかなく、一般形気動車の他系列に比べると極端に形式数が少ないが、別記事にもあるように各形式内で気象条件や便所の有無を理由に細かい番代で区分されており、全国を走ることができた。

実際に稚内から枕崎まで足跡を残しており、キハ10系、キハ20系またキハ58系急行形といった大量生産気動車グループと同様の活躍を見せている。

ただし、888両という製造数は一見多いようだが、1,100両以上が製造されたキハ20系や1,800両以上が製造されたキハ58系に比べると少ないだけでなく、次稿記述のように（急勾配や長時間の速度維持走行に当時は必須とされていた）2機関搭載車が製造されなかった。そこで結局キハ40系は700両程度あったキハ10系の代替だけが国鉄時代の成果となった。

キハ40系は国鉄分割民営化時に1両の事故廃車（キハ40形2055号車。1980年鹿児島配置、指宿枕崎線事故被災で1983年廃車）を除く887両がJR旅客6社に承継されたが（北海道

157両・東日本219両・東海59両・西日本257両・四国53両・九州142両)、このとき、800両近いキハ58系や300両近いキハ20系もJR各社に承継されているのである。

2 キハ40系は勾配線区を走っていない

キハ40系は全国に配置されたが、実はキハ40系が登場から現在まで定期列車として全く走っていない線区がいくつかある。具体的には次項の各地域別の分析で記載するが、これら線区を分析すると、そのほとんどが急勾配線区ということがわかる。

これは、キハ40系が非力すぎること、つまり自重あたり馬力(ps/t)において、前世代車両であるキハ20系とほとんど変わらないということに起因している。具体的に自重あたり馬力で示すとキハ20形は5.6、非冷房のキハ28形も5.4であるが、キハ40系各形式は6弱とそう変わらない。これに対し、180PS機関を2基搭載しているキハ20系のキハ52形は9.8、同じく180PS×2のキハ58形(非冷房)が9.2、キハ58形冷房車でも8を超えている。

ということで、キハ40系は旧形式の2機関搭載気動車、具体的には10系のキハ50形・51形、あるいは55系準急形のキハ55形といった車両の老朽廃車代替になり得なかった。これらの代替は格下げの急行形、キハ58形が務めることになった。

キハ40系では経済性重視、保守費用低減のため2機関搭載の車両形式を登場させなかった。かといって1機関の場合は従来のキハ20形やキハ28形程度のトンあたり馬力しかないため、急勾配線区での導入ができなかったのである。

民営化の直前になり、近い将来やってくるキハ58形やキハ52形といった残存180PS機関2機関搭載車の代替を考慮し、民営化後の経営が厳しいJR四国とJR北海道向けだけに最後の国鉄予算を使い、新しい2機関搭載のローカル用気動車キハ54形が新製され、四国・北海道に投入された。

しかし、民営化の時点ではまだ全JRで2機関急行形のキハ58形(派生形のキハ57形、キハ56形を含む)が690両、キハ52形とキハ53形が合わせて95両もあった。本州3社やJR九州、四国や北海道でもキハ54形が回らなかった急勾配線区は当面それらでしのぐことになり、ようやく1990年代から1機関だが強力な機関、かつ車体も軽量なためトン当たり馬力も強力な100～200番代の形式名のJR世代の気動車が開発され、キハ58形などの老朽廃車の穴を埋めていくことになるのである。

キハ20系のうちキハ52形は、2基エンジンのため2000年代まで残存した。写真はJR東日本山田線の通称"盛岡赤鬼色"。

3 キハ47形と48形の配置の境目は

キハ40系3形式のうち、両運転台で車端片開きドアのキハ40形は極寒地(北海道)向けから暖地向けまで全てキハ40形の中にまとめられ、番代区分だけで処理されている。両運転台車では便所配置と構体構造の関係で両開扉の車両が登場しなかったため、気象条件による車体の差異を番代区分だけで片付け、形式をキハ40形の1つに統一したものと考えられる。

一方、片運転台車は車体中央寄り両開きドア2つのキハ47形と、車端寄り片開きドアのキハ48形があり、サイドの外観も座席配置も当然異なる。また、キハ47形には台車の違いで暖地形と寒地形、キハ48形には寒地形(台車違いで2種類)と極寒地(北海道)形がある。

ということで、キハ47形とキハ48形の境目が日本列島のどのあたりかが気になる。実はこれ、なかなか複雑である。国鉄時代、後年のJR東日本・JR東海・JR西日本の本州3社それぞれのエリアに、キハ47形とキハ48形の両方が新製配置されているのである。

3-1 キハ48形の最南端新製配置区所

これは敦賀(5両)と美濃太田(40両)となる。そして民営化の際に美濃太田はJR東海、敦賀はJR西日本の、それぞれの唯一のキハ48形配置区所となった。

JR東海というと暖地の会社のように思われるが、JR発足当時の同社キハ40系の配置はキハ48形が40両、キハ47形が5両、キハ40形が14両と、意外にもキハ48形が圧倒的多数であった。実はキハ40系3形式で、発足当時キハ48形が一番多い会社もJR東海なのである。

JR東海では発足当初キハ48形を美濃太田、キハ47形を伊勢に全数配置していた。(キハ40形は美濃太田〈5両〉、伊勢〈9両〉ともに配置)。美濃太田は豪雪山間部のある高山本線を担当するから、考えてみれば確かにキハ48形が妥当であろう。

一方敦賀は、JR西日本発足当時、小浜線と越美北線の気動車を担当していた。敦賀の5両のキハ48形は美濃太田の40両中の5両とともに、動台車がキハ47形暖地形と同じDT22Dのキハ48形0・1000番代である。

キハ48形の最南端配置区所の一つとなった、敦賀のキハ48形0・1000番代。
JR発足後に塗色変更された。敦賀〜新疋田間　1990年4月8日　写真／児島眞雄

もうひとつの最南端配置区所、美濃太田のキハ48形を使用した高山本線。キハ48形532号車
焼石付近　1984年8月29日　写真／児島眞雄

JR発足時点では、北陸本線沿いで敦賀より北になる七尾や富山にはキハ40系が全く配置されておらず、JR西日本の北陸エリアに配置のキハ40系は敦賀の8両（民営化時点でキハ48形が5両にキハ40形が3両）だけだった。

3-2 異動後も含めたキハ48形の最南端は

JR東海では1990年代に入り美濃太田、名古屋、伊勢のJR東海気動車配置3区所の間で複雑な異動があり、美濃太田から一部のキハ48形が名古屋や伊勢に配置され、伊勢からキハ47形が機関換装の上、美濃太田に転属し、各所でキハ48形と一緒に配置されているという時代があった。

一方、敦賀にいた5両のキハ48形は後述のように1991（平成3）年になんとJR西日本最西端の小郡（現・新山口）に異動、主に長門鉄道部（長門市）ベースで稼働することになった。この時代はまだ山陰本線から九州・小倉までの直通列車も多かったため、キハ48形の運用上の最南端は小倉ということになる。

その後、小郡のキハ48形は3両が急行用として岡山に異動（後述、現在は廃車）、小郡（新山口）に残り2両となっていたが、2015（平成27）年に七尾線観光特急列車「花嫁のれん」に改造され、金沢総合車両所（富山支所）に配置され現在も稼働中だ。二十数年ぶりに北陸地方に戻ってきたことになる。

ということで、キハ48形の最南端は配置区でいうと伊勢と小郡（新山口）、定期列車運用区間では小倉ということになる。

3-3 キハ47形の北限は

キハ47形の新製配置の北限はJR東日本エリアとなる。国鉄新製時点では、水戸（5両）、新潟（民営化後に新津に施設移転）に43両の計48両が、後年のJR東日本エリアに配置されていた。このうち新潟配置は寒地型の500番代（便所のない1500番代を含む。動台車がDT44かDT44A）、水戸配置は暖地形の0番代（便所のない1000番代を含む。動台車がDT22D）であった。

ところが1985（昭和60）年3月ダイヤ改正時の大移動で、西日本の老朽気動車淘汰のために新潟の500番代から10両が四国・高松、6両が広

キハ47形の北限、羽越本線を行く新潟地区のキハ47形とキハ40形の普通列車。首都圏色、新旧新潟色の3色が混在したカラフルな編成。
今川～寒川間　2011年4月13日　写真／高橋政士

島地区(広島・小郡・三次)、4両が九州の唐津に転属となる。かくして民営化時点のJR東日本のキハ47形は新潟に23両、水戸に5両の28両となった。

そして水戸配置車が1992(平成4)年のキハ110系水郡線投入で新津に転属したため、以後JR東日本では新津だけにキハ47形が存在することになり、2020(令和2)年の新潟地区キハ40系引退まで走っていた。運用の北端は吹浦である。

敦賀から小郡に転属したキハ48形4号車(右)。延命工事を施工され、広島地域色に変更された。新山口　2007年6月19日　写真／高橋政士

余談だが国鉄分割民営化直前に四国、広島地区、唐津に異動したキハ47形の500番代は、彼の地では珍しいDT44台車の「寒地形」であったが、そのまま長らく民営化後も使用されている。特に九州では空気バネDT44の利点を生かし、2軸駆動改造も行われた。

3-4 キハ47形と48形の混用

キハ47形とキハ48形を混用する車両基地は、新製時には存在しなかった。その後の転配属でJR発足以降、新津(長らく新津のキハ48形は1993〈平成5〉年に新庄から転入の523号車だけだったが、末期はさらに小牛田から数両のキハ48形が老朽キハ47形の代替に転入していた)のほか、美濃太田、名古屋、小郡(新山口)、岡山(小郡から転入)で、キハ47形とキハ48形が同一基地所属で使用された時期があった。

4 キハ40系の急行使用

増結等以外の正規の仕業で、キハ40系が定期急行列車に使用され、急行料金を収受していたケースには以下のようなものがある。なお宗谷本線急行用のキハ400形・キハ480形については対象外とした。

4-1 北海道

北海道では伝統的にキハ22形が短距離の急行に運用されていた。デッキ付きで座席数も多かったこと、また両運転台の急行形が新製形式では存在しなかったことが理由だったが、もちろん「遜色急行」「準急上がり」などと評判は良くなかった。

1980年代に入ると、さすがにキハ22形の老朽化が著しくなったため、キハ22形の急行運用がキハ40形に置き換わるケースが生じ、「えりも」「しれとこ」「かむい」(のち「そらち」)などの短距離急行でキハ40形の活躍が見られた。

1990(平成2)年の「そらち」廃止で道内のキハ40形の急行使用はなくなり、北海道伝統の一般形気動車の遜色急行が消滅した。

4-2 急行「つやま」

1997(平成9)年11月の鳥取〜岡山間特急(智頭急行線経由)「いなば」新設時に、従来の因美線津山線経由の急行「砂丘」5往復が全廃され、代替に津山〜岡山間に快速列車と急行「つやま」1往復が設定された。

急行「つやま」は設定時にはキハ58系を使用していたが、2003(平成15)年10月改正(小郡駅が新山口駅に改称した改正)で、キハ58系の老朽化に伴いキハ40系化されることになった。

当時、快速列車は岡山のキハ47形を使用していたが、急行として格差を付けるため、わざわざ当時小郡にいたデッキ付きのキハ48形5両のうち3両を岡山に呼び、使用2両予備1両で急行運用することになった。ただしデッキ付きとはいえ座席はオリジナルのキハ40系タイプのボックス座席である。

ここまでして急行の維持にこだわったのは、急行があるという「格」を重んじた地元の要望があったためといわれるが(JRとしては急行料金が取れるから構わないが)、車内も速度も快速とそう変わらない列車であったから、結局2009(平成21)年3月改正で廃止された。すでにこの時点で「つやま」は定期昼行急行の日本最後の1往復となっていた。

国鉄分割民営化時の会社別承継両数

会社	形式	番代	両数
JR北海道 157両	キハ40形	100番代	150両
	キハ48形	300番代	4両
	キハ48形	1300番代	3両
JR東日本 219両	キハ40形	500番代	92両
		1000番代	7両
		2000番代	18両
	キハ47形	0番代	3両
		500番代	12両
		1000番代	2両
		1500番代	11両
	キハ48形	500番代	41両
		1500番代	33両
JR東海 59両	キハ40形	500番代	2両
		2000番代	12両
	キハ47形	0番代	2両
		1000番代	3両
	キハ48形	0番代	3両
		500番代	18両
		1000番代	2両
		1500番代	17両
JR西日本 257両	キハ40形	2000番代	61両
	キハ47形	0番代	108両
		500番代	5両
		1000番代	75両
		1500番代	3両
	キハ48形	0番代	3両
		1000番代	2両
JR四国 53両	キハ40形	2000番代	11両
	キハ47形	0番代	19両
		500番代	5両
		1000番代	13両
		1500番代	5両
JR九州 142両	キハ40形	2000番代	36両
	キハ47形	0番代	61両
		500番代	2両
		1000番代	43両

札幌〜様似間で運転された急行「えりも」。1985年3月にキハ40形に置き換えられ、翌86年11月ダイヤ改正で廃止となった。キハ40形136号車　東静内　1986年7月13日　写真／高橋政士

高山本線を受け持つ美濃太田では、キハ47形とキハ48形が所属していたため、写真のように両形式を併結して運転される列車もあった。写真／PIXTA

各論　キハ40系の走った路線、北の端から南の端まで

それではキハ40系の登場以来の活躍を、北から南への順で尋ねてみよう。なお、配置区所については組織名称の変更が多いため、あえて略称にとどめた。

宗谷本線の北側区間は、国鉄末期にキハ40形から2基エンジン車のキハ54形に置き換えられた。抜海〜南稚内間　写真／新井 泰

1 北海道地区（JR北海道）

北海道ではローカル線が多い状況から両運転台のキハ40形が150両も新製配置され、片運転台車はキハ48形がわずかに7両だけという片寄った製造・配置であった。このうちキハ48形は都市輸送がある旭川（4両）と苗穂（3両）のみに新製配置されていたが、JR化後、4両が宗谷本線のキハ480形に改造され、残る3両は苗穂に集中配置となっていた。

宗谷本線優等列車特急化の際、キハ480形は4両中3両がキハ480形からキハ48形に戻った（新番代区分のキハ48形1330番代。この際、車内は通勤タイプのロングシートとなった。なおキハ48形304号車→キハ480形304号車のみは戻し改造されずに廃車）。そこでキハ48形は計6両となり活躍したが、結局、2012（平成24）年の札沼線電化で廃車となった。

キハ40形は国鉄末期からJR北海道初期に廃止された特定地方交通線、電化区間（小樽〜旭川間、白石〜室蘭間）を含め国鉄時代は北海道のほぼ全ての線区で使用されている。

ただしJR北海道になると早い段階で音威子府（おといねっぷ）〜稚内間や摩周〜斜里間では使用されなくなり、これらの区間の普通列車はほとんどがキハ54形となっている。これには北海道ならではの特殊事情の解消があった。

北海道でキハ40系が重用された理由

北海道では勾配区間での速度維持を必要とした特急形や急行形を別として、一般形気動車の2機関タイプは国鉄最末期のキハ54形まで製造されていない。これは極端な勾配路線がなかったことに加え、特に冬期に吹きだまり等で駅間停止した場合、危険な状態になるからであった。すなわち万が一の機関停止リスクを考えると、2機関車両1両より1機関の気動車が2両で走行する方が安全安心という理由であった。

従って国鉄時代には、乗客が少なく輸送量の基準では単行運転で充分

キハ40形180号車を先頭に、キハ40形2両＋キハ56系の4両編成。羊蹄山を背に函館本線(山線)を行く。写真／新井 泰

であるが、冬期のみ安全を考え乗客量にかかわらず2両で走るという、普通列車に関していわゆる冬期増結を行う線区が道東道北を中心に多かった。キハ40形はそうした時代に製造され、当然冬期増結を実施して運用されていた。

しかし、民営化を前にして冬期増結の非生産性が問題となり、信頼性の高い2機関車両で多少の吹きだまりも突破して走る単行かつワンマン運転という、従来の北海道の安全を考えた想定から一歩前に出た考えを実現することになり、キハ54形が生まれたのであった。

従って、従来は冬期増結(2両以上)で峠越えや原野走行をし、かつ民営化後も存続対象になった宗谷本線、釧網本線の閑散区間においては、キハ54形単行運行を基本とすることになり、キハ40形が撤退したのである。根室本線末端部(花咲線厚岸以遠)も早い段階でキハ54形オンリーとなっている。また新型気動車のモデル線区になった日高本線や函館本線山間部(長万部～倶知安間)などもキハ40系の撤退が早かった。

2022(令和4)年3月改正で新形電気式気動車H100形の大量投入が行われたことで、各線区でのキハ40形列車が大幅に減少。現在、普通列車にキハ40形だけが使用される線区は函館地区の函館～長万部間および道南いさりび鉄道のみとなっている。

北海道に多かった定期急行へのキハ40形の運用については先に記したとおりであるが、JR初期には快速列車の多くが立派なヘッドマークを付けて運転されていたことも忘れてはならないだろう。

冬期の北海道では、旅客数にかかわらず2両編成で運転されることが多かった。廃線になった名寄本線でも2両編成だった。西興部　1985年1月29日　写真／高橋政士

前面に大きなイラスト入りヘッドマークを掲げた宗谷本線の快速「なよろ」。キハ40形718号車 塩狩～和寒間　1991年9月　写真／高橋政士

2 北東北地区（JR東日本）

北東北地区(秋田、青森、岩手)はキハ48形とキハ40形の配置で、ローカル線が多いことからキハ40形の方が配置が多かった。

秋田地区は秋田と弘前(のちに秋田に基地統合されるが運用上のベースは弘前のまま)で男鹿線と五能線を中心に運用された(後年第三セクター化された秋田県内各線や黒石線〈弘南鉄道を経て廃止〉にも運用された)。

青森地区では、津軽線は時期により八戸持ちと秋田持ちの時代があるが、いずれも長らくキハ40系が活躍、大湊線もキハ110系が投入されるまで八戸のキハ40系であった。また八戸線も八戸所属のキハ40系が活躍した。JR東日本は地域別塗色を採用したため、これらのキハ40系も男鹿線色、五能線色、盛岡支社色(八戸線)といった地域性のある色がつい最近まで親しまれた。

キハ40系の撤退は八戸線が2018(平成30)年、残る男鹿線、五能線、津軽線が2021(令和3)年であり、この3線での運用終了でJR東日本全体でのキハ40系使用(定期列車)が終了した。なお大湊線は1993(平成5)年にキハ100形に置き換えられていたが、検査時などに2016(平成28)年頃までキハ40形が入っていた。

キハ40系の実績が乏しい盛岡地区

この地域で特記しておきたいのは盛岡地区である。花輪線、山田線、釜石線の3つの非電化路線は山岳縦断の急勾配路線であり、田沢湖線も25‰がある。こうした線路状況から、当地は長年2機関搭載車が集中配置されていた。

国鉄分割民営化時点でこの4線の運用を行う盛岡には気動車が88両

配置されていたが、内訳はキハ58形が66両と圧倒的で、以下キハ52形が14両、キハ28形が5両、キハ48形が3両と、実に配置気動車の9割が2機関搭載という、大規模気動車基地としては全国でもまれな比率になっていた。そして3両(3%)しかなかったキハ40系(キハ48形)は東北本線の区間運転や田沢湖線雫石までの運用に細々と入るだけなのであった。

当地の2機関気動車偏重配置はJR東日本発足時に早速問題となり、JR東日本は1990(平成2)年から1991(平成3)年に軽量強馬力の新形1機関気動車キハ100形を開発すると、真っ先に当地に投入することになる。この結果、当地の1機関気動車は早々に淘汰となりキハ48形は転出する。なおキハ58形やキハ52形は、キハ100形の製造数が当地の2機関気動車の全面淘汰までは至らない両数だったためその後もしばらく残り、国鉄色復元などで人気を集めたのはご存知の通りである。かくして盛岡地区は史上極めてキハ40系の活躍実績の乏しいエリアである。

なお隣接の一ノ関も勾配線区の北上線と大船渡線を抱えており、2機関気動車(キハ58形やキハ52形)が在籍車両の半分程度を占めていた。従ってキハ40系の配置も民営化時点で6両と、盛岡ほど極端ではなかったが少数であった(民営化時点で34両配置中キハ40形が2両、キハ48形が4両)。

一ノ関も盛岡と同時期にキハ100形の大量投入が行われ、一ノ関ではこのとき在来型(国鉄型)気動車が全て淘汰されている。

3 南東北地区(JR東日本)

ここではJR東日本新潟支社の気動車が運用されるエリア以外の宮城、福島、山形の3県内を述べる。配置形式はキハ48形とキハ40形であった。末期の塗装はいわゆる仙台支社色(白地に緑の濃淡)である。

小牛田は陸羽西線、石巻線、気仙沼線を担当していた(第三セクター化前は丸森線〈現・阿武隈急行〉も担当)。大都市仙台が近く乗客が多いことから、片運転台のキハ48形がキハ40形とほぼ同数配置されていたのが小牛田の特徴であった。

1998(平成10)年から翌年にかけてキハ110系が新製投入され、陸羽西線全部と陸羽東線のかなりの列車からキハ40系が撤退。その後は水郡線などから転入したキハ110系でキハ40系の撤退が進み、最終的には2015(平成27)年の仙石東北ライン開業によるHB-E210系投入で石巻線・気仙沼線から全てのキハ40系が撤退、小牛田のキハ40　系(定期列車用)が消滅した。

山形は民営化直後時点で、東北地方では盛岡に次ぐ71両の気動車配置数を誇り、キハ48形が13両、キハ40形が9両含まれていた。1991(平成3)年に山形新幹線工事に伴い新庄に配置区所が変わったが、引き続き奥羽本線山線区間や左沢(あてらざわ)線、陸羽西

現在は秋田内陸縦貫鉄道となっている阿仁合線を行く、キハ40形+40形+48形の3両編成。萱草～笑内間　写真／高橋政士

2021年3月までキハ40系が運行された五能線。写真は懐かしい秋田色のキハ48形。追良瀬～驫木間　1998年5月　写真／高橋政士

2021年までキハ40系が運行されていた津軽線。中小国～三厩間は非電化区間になる。二股～大川平間　2020年10月28日　写真／高橋政士

2022年10月に全線復旧した只見線は、2020年3月までキハ40系が運行されていた。中川～川口間　2016年9月26日　写真／高橋政士

1986年に阿武隈急行となる前の丸森線は非電化で、キハ40系も使用されていた。
横橋　1986年6月4日　写真／高橋政士

線などを担当していた。その後1993(平成5)年に左沢線がキハ101形に置き換えになりキハ40系の数が減少、1994(平成6)年にはキハ48形が全部転出した。

その後1999(平成11)年12月の山形新幹線新庄延伸で新庄以北の輸送体系刷新等も行われることから、新庄への気動車配置が消滅、最後まで残っていたキハ40形が秋田、小牛田、会津若松、新津に転属となった。

郡山は民営化時点で気動車57両配置中2機関気動車が34両(キハ58形が32両、キハ53形が2両)と多く、当時キハ40系は13両しかなかった(キハ48形が6両、キハ40形が7両)。これは磐越西線電化区間に25‰、磐越東線に20‰の長い勾配が続くからである。磐越東線は1991(平成3)年にキハ110系の新製投入が行われキハ40系が撤退、その後磐越西線の郡山気動車運用は野沢～会津若松間のみになり、キハ40系の活躍は只見線が中心となったため、検査時期以外は会津若松に常駐するようになり、一時は配置も会津若松となっていた。

その後配置は郡山に戻ったが、引き続き会津若松ベースで只見線を中心に2020(令和2)年の引退まで活躍した。秋田配置車同様、小湊鐵道に譲渡されたキハ40形が外観塗装はそのままに同社で営業運転に使用されている。

東日本大震災で仙石線が長期にわたって不通になったため、東北本線・石巻線経由で仙台と石巻を結んだ直通快速。曽波神～石巻間　2012年6月15日　写真／高橋政士

4 新潟地区(JR東日本)

新潟エリアの気動車は1987(昭和

62)年の民営化当初は新潟配置だったが、1991(平成3)年に新津に気動車検修施設ができ、新津が配置車両基地となっている。

当地のキハ40系は1978(昭和53)年から1980(昭和55)年にキハ47形の寒地形500番代(便所のない1500番代を含む。動台車がDT44かDT44A)43両が配置されたのが始まりであるが、総論で述べたように国鉄末期の越後線電化による需給調整で、このうち20両が1985(昭和60)年の3月から5月にかけて四国、九州、中国地方に転出し、転出先では珍しい寒地形となってJRになっても長期間活躍することになる。

これも総論で触れたように、当区所はJR東日本では水戸とともに2カ所だけだったキハ47形の配置区で、民営化時点での配置はキハ47形とキハ40形。このうち片運転台のキハ47形が両運転台のキハ40形より圧倒的に多いという特徴があった(民営化時点で気動車配置69両中キハ47形が23両、キハ40形が6両。このキハ40形は1980〈昭和55〉年の新製配置)。

両運転台車より片運転台車が多かったのは新潟近郊区間(越後線)の乗客が多いことが理由で、豪雪地帯にもかかわらず両開き扉のデッキなし車キハ47形だったのもラッシュ対策だった。そもそも新潟は豪雪地帯ではあったが、従来は通勤形のキハ30系も大量配置されていたのである。このキハ30系も500番代の寒地形だった。

1993(平成5)年にキハ48形523号車が1両だけ新庄から転入し、2000年代になって小牛田からキハ48形が流れてくるまで、キハ47形の中に紅一点ならぬただ1両のキハ48形であった。また当地のキハ40系の塗装はいわゆる新潟色だったが、青系のものと更新車(当初ワンマン識別塗装)用の赤系のものがあったのはご存じの通り。

運用区間は新潟近郊のほか磐越西線会津若松まで、羽越本線吹浦まで、および米坂線であったが、国鉄時代には廃止になった魚沼線や赤谷線にも入線した。また民営化しばらくまで冬期の只見線小出～只見間も担当していた。

2009(平成21)年に米坂線から撤退、残る区間も2020(令和2)年3月改正で撤退したが、水害で小出～只見間が分断運行になっていた只見線では同年7月にキハ110系に置き換わるまで新津のキハ40形・キハ48形が暫定措置として運行されていた。

新潟地区では、越後線用に寒地向けキハ30系500番代が運用されていたこともあり、わざわざキハ47形寒地向けが投入された。キハ40系投入後、キハ30系500番代は関東などに転属した。キハ35形を先頭に、キハ47形が5両続く。新発田　1983年3月30日　写真／高橋政士

キハ47形の北限、羽越本線を行く新潟地区のキハ47形。新旧新潟色の500・1500番代を連結し、架線下を行く。勝木～府屋間　写真／高橋政士

5 関東・長野地区(JR東日本)

関東・長野地区は非電化区間の少ないエリアだけに、キハ40系の両数は少なく活躍も短期間であった。

水郡線(水戸、一時期常陸大子。国鉄民営化時の気動車配置50両)には国鉄民営化時点で18両(キハ47形が5両、キハ40形が13両)配置されていたが、キハ110系の投入進展に伴い1992(平成4)に過半が転出、1994(平成6)年12月改正で全部のキハ40系が他の国鉄型気動車とともに運用を終了、転出した。当地のキハ47形は、JR東日本では当地5両だけの暖

1984年4月に廃止された赤谷線。新発田が起点の路線で、写真は終点の東赤谷に停車するキハ47形＋キハ58形。赤谷～東赤谷間の1駅区間のみに33‰の急勾配区間があったため、2基機関付きのキハ52形または58形の連結は必須の組み合わせだった。1984年3月17日
写真／高橋政士

現在はわたらせ渓谷鐵道になっている、足尾線のキハ40系。間藤　1984年7月11日
写真／高橋政士

豪雪路線の飯山線にも足跡を残す。雪の森宮野原駅に停車する。写真／高橋政士

地形(動台車DT22D)であったが、キハ47形は同形配置がJR東日本では新津しかなかったため全車新津に転出し、新津で廃車まで寒地型キハ47形と混用されていた。

烏山線はキハ40系新製投入以来ずっとキハ40形のみが定期運行される路線であった。このキハ40形は宇都宮配置であったが、EV-E301系の増備が完成した2017(平成29)年3月改正で引退した。なお房総地区と電化前の相模線にはキハ40系の定期列車使用実績がない。

高崎地区には足尾線用にキハ40形が国鉄民営化時点で5両おり､時折八高線にも姿を見せていたが、1989(平成元)年の足尾線第三セクター化で転出した。

長野地区では、小海線は急勾配線区のため定期旅客列車へのキハ40系使用歴がなく、飯山線だけにキハ40系が少数配置されていた(キハ40形が7両・キハ48形が2両)。1991(平成3)年からは青と白の長野色に塗られていたが、同年中に小海線にキハ110系が入り、玉突き異動の国鉄型気動車が転入したため、1992(平成4)年早々にキハ40系は全車転出した。

なおJR西日本になるが、大糸線の非電化区間(富山担当)は急勾配と豪雪であり、キハ40系は投入されていない。

6 東海地区(JR東海)

JR東海の気動車配置基地は国鉄民営化当初は美濃太田、伊勢、名古屋の3カ所であったが、キハ40系は美濃太田(高山本線、太多線用)と伊勢(紀勢本線、参宮線用。キハ11形投入前は名松線も運用)のみに配置されていた。

民営化当初、美濃太田にはキハ48形(40両)とキハ40形(5両)、伊勢にはキハ47形(5両)とキハ40形(9両)を配置と、乗客数(連結両数)や気象条件に応じた配置になっていたが、このうち美濃太田はキハ48形もキハ40形も動台車がDT22DのものとDT44Aのものが混じって配置されていた。

1982(昭和57)年の名古屋～亀山間電化以前は美濃太田配置車の関西本線運用があり、美濃太田のキハ48形が関西本線を走ったこともあっ

水郡線のキハ47形189号車＋キハ25形×2。キハ47形0番代は、JR東日本には水郡線の3両しか承継されなかった。
郡山　1983年9月9日　写真／高橋政士

水郡線のキハ40系は、JR化後に水郡線色に塗色変更されたが、撤退は1994年と早かった。キハ48形535号車　郡山　1993年
写真／高橋政士

たようだ。高山本線では民営化後も2003(平成15)年10月までは富山まで運用があったため、富山で見ることもあった。

伊勢は国鉄時代、天王寺鉄道管理局であり、後述する亀山、奈良などと同じ鉄道管理局だった。伊勢のキハ40系の始まりは1980(昭和55)年3月新製投入の3両のキハ40形であったが、不思議なことに新製からわずか数年の間に激しい転入と転出があり、最終的には国鉄分割民営化前年の1986(昭和61)年、春と秋の2回、亀山との間でメンバーの入換を行い、同年度当初の6両から4両転入1両転出で、伊勢のキハ40形は9両という形で民営化を迎えた。

この民営化時にあった伊勢のキハ47形5両は1986(昭和61)年秋に4両が亀山から、1両が福知山から転入したもので、まさに民営化直前のあわただしい転入、そのなかでも亀山からの4両は1985(昭和60)年3月改正で豊岡から来たばかりであった。

そもそもこのキハ47形は5両とも新製配置は福知山だった車両だが、民営化直前に伊勢に来たばっかりにそのままJR東海に組み込まれ(JR東海ではキハ47形はこの5両だけで終始した)、出力強化など数奇な運命をたどることになる。

なお、伝統的に優等列車と武豊線を担当する名古屋は、JR東海発足当初は(キハ82系特急形以外の気動車は)キハ58系とキハ65形だけが配置されていた。

このエリアでは第三セクター化された伊勢線、樽見線、越美南線にも国鉄時代はキハ40系が走っていたが、明知線は急勾配のため、また二俣線は車両基地の遠江(とおとうみ)二俣(現・遠州二俣)が末期キハ20系のみであったためにキハ40系は走っていない。

JR発足後の大異動

1989(平成元)年からJR東海にキ

現在は長良川鉄道になっている越美南線を行くキハ48形の2両編成。半在付近
1985年8月3日　写真／児島眞雄

紀勢本線を走る"伊勢地区"のキハ40系。JR東海は湘南色の帯に塗色変更され、カラーバリエーションはほとんどなかった。2005年　写真／PIXTA

参宮線を行くキハ48形2両編成。温暖な地域だが、美濃太田のキハ48形が進出していった。

高山本線を行く、キハ40形＋キハ48形＋キハ47形の混結3両編成。飛騨一ノ宮～久々野間　2004年10月24日　写真／PIXTA

ハ11形が登場するが、当初は経年の高いキハ30系やキハ58系の廃車が先行した。その後1990(平成2)年からエンジン換装・冷房化に伴う改番が伊勢配置車から開始されるが、この最中の1991(平成3)年に伊勢のキハ47形が名古屋に行くことで名古屋にキハ40系の配置が開始された。

この時点で一旦伊勢はキハ40形のみ5両となったが、やがて機関換装の進展、また伊勢地区と武豊線のワンマン運転拡大のため美濃太田のキハ48形が伊勢や名古屋に入っていくようになる(1992〈平成4〉年の武豊線ワンマン運転開始では代わりに名古屋から美濃太田にキハ58系が移動した)。そして美濃太田、伊勢、名古屋の間でエンジン強化と並行して再びキハ40系の異動が複雑に行われている。

JR東海のキハ40系の淘汰が本格的に始まるのは、2011(平成23)年から始まったキハ25形の新製からで、2015(平成27)年3月の武豊線電化がとどめとなった。同年6月で美濃太田管内のキハ40系が運転を終了、翌16年3月に伊勢地区のキハ40系が運用を終了し、JR東海のキハ40系は全廃となった。

なお1991(平成3)年の開業から1993(平成5)年までは東海交通事業にキハ40形2057・2112号車の2両が貸し出されていた。

北陸地方へのキハ40系の投入は遅かったが、1990年代以降は多くの路線で使用された。写真は高岡色に変更された氷見線のキハ47形＋40形。2010年4月30日

7 北陸地区(JR西日本)

北陸では民営化時点で富山・七尾・敦賀に気動車の配置があったが、キハ40系がいたのは敦賀だけだった。キハ48形(5両)とキハ40形(3両)はいずれも敦賀新製配置で、小浜線(舞鶴線経由福知山まで)や湖北ローカル(彦根～敦賀間、近江今津～敦賀間)に入っていた。総論で述べたようにJR西日本ではこの5両が唯一のキハ48形である。越美北線は雪が多く勾配もあるため、キハ40系は入らなかったようだ。

民営化1年後の1988(昭和63)年4月、まずキハ40形が3両とも富山(高岡)に転出、1991(平成3)年9月の七尾線電化に伴う北陸地区気動車大移動(七尾の気動車総移動)の際に、残る5両のキハ48形も敦賀からなぜか本州の西の果て小郡(現・新山口)に転じ、以後敦賀や福井へのキハ40系配置はなかった。

現在、JR西日本のキハ40系の牙城の1つである高岡地区(城端線・氷見線運用、往時は高山本線、北陸本線でも使用)へのキハ40系の配置は意外と遅く、民営化以降、上記の敦賀からの3両のキハ40系転入からである。1991(平成3)年の高岡鉄道部発足で、キハ40系の所属基地は正式に高岡に移った。

しばらくキハ40形が3両だけの配置であったが、1994(平成6)年に亀山から3両のキハ47形が転入、さらに2000(平成12)年に姫路からキハ47形が4両転入、続いて2004(平成16)年12月の加古川線電化に伴う姫路・加古川地区の気動車整理で両区

キハ48形の南限地域、敦賀所属のキハ48形6号車が北陸本線を行く。新疋田　写真／新井 泰

所からキハ40形が6両、キハ47形が7両追加転入してきた。その後、若干の車両入換があるものの規模としては現状に近い陣容になっている。

8 南近畿地区（JR西日本）

東海地区の項で述べたように、国鉄時代は関西本線亀山以西と紀勢本線・阪和線に囲まれたエリアと草津線、奈良線は天王寺鉄道管理局であり、気動車の配置が伊勢、亀山、奈良、和歌山にあった。

民営化時に紀勢本線の新宮～亀山間と参宮線はJR東海に所属することになり、伊勢はJR東海の基地となるが、民営化直前の1986（昭和61）年11月改正では、その準備なのか伊勢と他の車両基地との間で複雑な異動が行われている。

伊勢以外の3車両基地のうち、和歌山だけは終始キハ40系の配置がなかった。

奈良は1981（昭和56）年に3両のキハ40形が配置され、関西本線のほかに奈良線（1984〈昭和59〉年10月電化）、片町線（鉄道管理局は大阪管内だが近隣かつ1989〈平成元〉年3月まで長尾～木津間が非電化だったため奈良の気動車を使用）で運用されたが、奈良線電化後の1985（昭和60）年3月に奈良運転所が廃止され、奈良配置の気動車は離散した。キハ40形は3両とも伊勢に転じ、そのまま2年後JR東海に行くことになる。

亀山には1979（昭和54）年11月にキハ47形が4両、キハ40形が6両配置され、国鉄時代は関西本線のほか紀勢本線や参宮線、伊勢線で活躍、電化（1980〈昭和55〉年3月）前の草津線でも活躍したと思われる。ただし信楽線は33‰の急勾配で2機関のキハ58形やキハ53形が充当されキハ40系は使用されなかった。

1984（昭和59）年2月改正で伊勢からキハ40形が2両転入し、キハ40系は計12両になり、さらに1985（昭和60）年3月改正で今度はキハ47形が豊岡から4両、米子から2両転入し、キハ40系は計18両となる（キハ40形が8両、キハ47形が10両）。なお、この改正で亀山は奈良と和歌山を合併したため、気動車配置が改正前54両だったのが3倍の150両になっている。

1986（昭和61）年3月に今度はキハ40形が全て伊勢に転属し、キハ47形のみ10両となった。同年11月改正でさらに4両のキハ47形が前述のとおり伊勢に行き、亀山のキハ40系はキハ47形が6両のみという形で民営化を迎えた。

1989（平成元）年3月の片町線長尾～木津間電化でこの6両のキハ47形は姫路（4両）と福知山（2両）に転出、一旦亀山のキハ40系は消滅したが、翌90年3月、同月の山陰本線京都～園部間電化で余剰になった向日町のキハ47形から4両が転属。これはいずれも便所のない1000番代だったために関西本線のキハ58系2連の増結用に使用され、キハ120形の登場で国鉄型気動車が余剰になっ

非電化・旧線時代の山陰本線にて。キハ47形と普通列車用に改造された12系客車が行き違う。保津峡　1987年3月　写真／長谷川智紀

福知山色に塗色変更されたキハ47形1023号車。写真は広島地域転属後。広島　1991年
写真／児島眞雄

キハ47形の後位側に運転台を取り付け、両運転台としたキハ41形。前位側と同じ顔にしないのはJR時代の改造ならでは。和田山　2003年7月20日　写真／児島眞雄

姫新線色のキハ40形2091号車。姫路　写真／児島眞雄

加古川線色のキハ40形。長らくキハ20系とキハ30系が活躍し、国鉄末期になってようやく転入した。加古川　2002年2月1日　写真／児島眞雄

た1994(平成6)年まで使用された。

9 北近畿地区 (JR西日本)

福知山エリアでは福知山と豊岡に気動車の配置があり、現在は電化されたエリア(福知山線、山陰本線京都口、舞鶴線)や第三セクター化された宮津線を含め広くキハ40系が足跡を残した。

福知山はキハ47系のローンチカスタマー(第一使用者)であり、当地に1977(昭和52)年2月4日に配置されたキハ47形1～4号車からキハ40系の歴史が始まった。第二弾以降の増備もあり1982(昭和57)年頃には56両まで達した。これは全てキハ47形で、その後も最後まで終始両運転台のキハ40形が配置されず、片運転台のキハ47形だけだったのが福知山の特徴である。これは乗客の多い福知山線大阪口や山陰本線京都口の運用にキハ47形が集中的に用いられたことによる。

1983(昭和58)年から徐々に減少が始まり、1981(昭和56)年3月の福知山線宝塚電化、1986(昭和61)年11月の宝塚～城崎間電化以降、徐々に進んだ当地エリアの電化と宮津線第三セクター化で運用減少が加速、出戻りがあったものの最終的には1999(平成11)年10月の舞鶴線電化で近隣非電化路線が消滅したことで、福知山でのキハ40系の運用も消滅した。

この間、1979(昭和54)年から1982(昭和57)年にかけて、山陰本線京都口の輸送改善として向日町にキハ47形が新製配置され(キハ40系の配置なし)、若干の出入りがあったものの20両弱の状態で約10年運用されたが、1990(平成2)年3月の京都～園部間電化で向日町のキハ47形は撤収した。

転入の豊岡、新製の姫路

豊岡は新製配置がなく、1983(昭和58)年3月以降福知山からキハ47形が計10両転入したが、1985(昭和60)年3月改正までに亀山、姫路および福知山(出戻り)に転属し一旦消滅した。ところが1年後の1986(昭和61)年に、福知山から10両(先の10両とは別番号)のキハ47形が再度転入し配置が復活する。

その後しばらくキハ47形ばかりで増減するが、1999(平成11)年10月の舞鶴線電化時の福知山配置車の整理の際、豊岡にキハ47形のほかにキハ40形、また本誌別記事記載の世紀の珍車キハ41形が改造後1年で転入した。

以後規模はやや小さくなったものの、現在まで播但線寺前以北、山陰本線和田山～豊岡～鳥取間の運用に3形式(キハ40形、キハ41形、キハ47形)が充当されている。

播但線と姫新線を担当する姫路には1980(昭和55)年5月以降キハ47形、キハ40形が新製配置された。その後かなり激しい転入転出が豊岡、福知山などの近隣区所とあったが、キハ47形、キハ40形の配置はずっと維持され、1998(平成10)年3月の播但線寺前電化で播但線から撤退、最終的には姫新線にキハ127系が投入された2009(平成21)年3月までキハ47形、キハ40形が運用されていた。

加古川線とその支線区を担当する加古川は国鉄末期までキハ20系、30系気動車の天下で、キハ40系が投入されたのは国鉄最末期。1986(昭和61)年11月改正で一旦加古川の車両配置が姫路に統合され、かつ姫路にこの改正による福知山線・城崎電化で福知山のキハ40系の転入があった時であった。従ってキハ40系には高砂線や三木線、北条線の走行経歴はないが、2022(令和4)年から北条鉄道にキハ40形が走り出したことはご承知のとおりである。

なお、1990(平成2)年に廃止になった鍛冶屋線には短期間走っていた。この鍛冶屋線廃止時に加古川線はキハ40系とキハ37形だけに統一されワンマン運転となり、1999(平成11)年にキハ37形は米子(後藤)に転出したので、以降5年はキハ47形・キハ40形の天下となった。

最終的には2004(平成16)年12月の加古川線電化で、加古川のキハ47形・キハ40形は消滅。高岡、姫路、豊岡、米子(後藤)に転じた。

山陰本線を行くキハ47形。ロングシート化改造された2000＋3000番代である。
直江～出雲市間　2004年7月7日　写真／児島眞雄

塗色変更された境線のキハ40形。奥に50系客車改造のキハ33形が停車する。大篠津
写真／児島眞雄

10 山陰地区 (JR西日本)

当地でのキハ40系は鳥取(西鳥取)、米子(後藤)、浜田の3区所にキハ47形、キハ40形がともに新製配置されており、現在も鳥取(キハ47形だけ)と米子(キハ47形とキハ40形)に配置がある。山陰地区では全ての線区にキハ40系の足跡があり、定期列車で走行していないのはおそらく急勾配の木次線出雲横田～備後落合間だけだと思われる。

既に廃止になった倉吉線、大社線、

三江線もキハ40形の定期列車使用実績があり、第三セクター化された後の若桜(わかさ)鉄道でも2020(令和2)年3月改正までキハ47形が乗り入れていた。

また国鉄民営化以降も国鉄時代のタラコ色(朱色5号)が事実上の地域色となり、現在に至るまで車体色が全く変更されずに至っていることも当地の特徴である。

現在も因美線鳥取～智頭間、山陰本線(西出雲～益田間を除く)、境線でキハ40系が使用されている。

11 山陽地区(JR西日本)

山陽地方でもキハ47形は陰陽連絡線を中心に使用されており、非電化路線・区間では1982(昭和57)年電化の伯備線を含め全線区で使用された。可部線、岩徳線、岩日(がんにち)線(現・錦川鉄道)もキハ40系が走っていたほか、美祢線・山陰本線直通列車などがあった関係で宇部線宇部～宇部新川間や厚狭から関門トンネルを越えて小倉までの運用があった。福塩線や可部線の電化区間も定期列車走行路線である。

またJRの時代になってから広島地区の気動車の検査を小郡(新山口)に集約したため、出入運用のためキハ40系の定期普通列車が広島～新山口間で運転された時代があった(現在はこの区間は回送になっている)。

新製でキハ40系が配置されたのは岡山、広島、小郡、厚狭(1985〈昭和60〉年3月車両配置廃止)であり、転入車が配置されたのが三次(1984〈昭和59〉年2月改正で転入したが1986〈昭和61〉年11月改正の車両配置廃止で転出)であった。JRになってからの鉄道部制度では長門市や三次に所属していた時代がある。

現在も津山線、吉備線、芸備線広島～三次間、山口線、山陰本線益田～下関間、岩徳線がキハ40系の運転線区であり、所属先は津山線吉備線が岡山、それ以外は新山口(下関の支所扱い)となっている。また、岩日線が改組された錦川鉄道にもキハ40形が転入した。

岩徳線は現在もキハ40系で運行されている。ツートン時代の広島支社色をまとう延命工事施工車。キハ40形2081号車　岩国　2005年5月12日　写真／児島眞雄

津山色をまとうキハ40形2028号車。因美線でも使用された。津山　写真／児島眞雄

数は少ないがJR四国でもキハ40系を承継し、徳島地区では今も現役。
桑野　1999年9月15日　写真／児島眞雄

12 四国地区 (JR四国)

四国では高松、松山、高知、徳島の4区にキハ40系が在籍した。新製投入は高知と松山である。

まず1980(昭和55)年7月から翌年4月にかけて高知にキハ47形が16両、キハ40形が4両入った。そして1981(昭和56)年10月から翌年6月にかけて松山にキハ47形が16両、キハ40形が7両投入された。これで高松から八幡浜まで、また多度津から中村、予土線窪川～江川崎間のキハ40系運用が開始された。八幡浜以西の予讃本線には法華津峠(下宇和～立間間)という難所があるため八幡浜～宇和島間と、これと運用が同じ予土線宇和島～江川崎間はキハ40系が入らなかった。

1984(昭和59)年2月改正で高知の気動車配置が廃止されキハ47形は高松、キハ40形は松山に移った。その後1985(昭和60)年3月改正で気動車の余剰が目立った新潟から10両のキハ47形の寒地形500番代(キハ47形501～505号車、1501～1505号車)が高松に転入する。これで四国島内のキハ47形は53両となった

国鉄最末期の1986(昭和61)年11月に高松へのキハ47形配置が廃止となり、高松のキハ47形は高松と高知に流れていく。高知へは14両のキハ47形が行き、高知のキハ40系配置が復活したが(今回はキハ47形のみ)、1985(昭和60)年に新潟から転入した10両のキハ47形500番代が中心であり1984(昭和59)年の転出メンバーは少なかった。かくして高知にキハ47形が14両、松山にキハ47形(28両)とキハ40形(11両)の合計53両で民営化を迎えた。

その後1988(昭和63)年から1990(平成2)年にかけて高知のキハ47形全車、松山のキハ47形の一部とキハ40形の全車が徳島に転じ、JR四国のキハ40形の配置は松山にキハ47形が22両、徳島にキハ47形が20両、キハ40形が11両という配置になり、これにより前述の宇和島付近を除き、JR四国全線がキハ40系の走行経歴のある路線となった。

四国のキハ40系は2010(平成22)年のキハ47形500番代から廃車が始まった。2016(平成28)年に松山の運用が全廃となり、以後は徳島のみの配置である。現在は高徳線、鳴門線、牟岐線(桑野まで)でキハ47形、キハ40形が使用されている。

なおキハ47形501・1501号車は2011(平成23)年に廃車となったが、現車は多度津工場に維持され、2014(平成27)年に改造、車籍復活でキロ47形1401・1402号車に改番のうえ、観光列車「伊予灘ものがたり」(初代)となり、2021(令和3)年12月まで使用されていた。

13 九州地区 (JR九州)

九州においてはキハ40系が幅広く薄く配置された。九州で国鉄の特定地方交通線の廃止が始まったのは1984(昭和59)年秋であるが、その年度当初(1984年4月)段階でキハ40系が配置されていない九州の気動車配置区所は南延岡1カ所しかなかった。従って、九州で全くキハ40系が走らなかった非電化国鉄路線は南延

1987年に廃止された宮之城線薩摩大口行きのキハ40形2050号車。
西鹿児島から直通していた。　西鹿児島　1980年9月　写真／児島眞雄

岡が第三セクター化まで全列車を担当した高千穂線だけである。高千穂線以外の廃止または第三セクター化された九州の特定地方交通線は、いずれも国鉄時代にキハ40系が走っている。

このほか区間的にキハ40系が投入されていないと考えられる駅間は、1983(昭和58)年3月の電化前の筑肥線博多〜東唐津間(通勤形気動車やロングシート改造されたキハ26形が多く、電化前の担当区だった東唐津にはキハ40系の配置がなかった)、山野線の水俣〜山野間(急勾配で廃止までキハ52形やキハ53形を中心に運用)くらいであろう。

肥薩線の大畑越えや豊肥本線の宮地〜豊後竹田間なども急勾配であり、国鉄時代のキハ40系の走行はまれだったと考えられるが、これら線区はJR九州がキハ40系の一部に出力強化改造を行った結果、JRの時代には定期運行がなされている。

現在、JR九州では気動車配置区所のうち大分(2021〈令和3〉年3月改正で運用撤退)以外の6区所(直方、唐津、熊本、鹿児島、宮崎、佐世保(早岐))にキハ40系の運用がある。

直方の車両は後藤寺線、日田彦山線、筑豊本線桂川〜原田間で使用、唐津の車両は唐津線と筑肥線非電化区間で使用、熊本の車両は熊本から八代経由肥薩線吉松まで(災害運休区間あり)、三角線、豊肥本線熊本〜豊後竹田間で使用、鹿児島の車両は指宿枕崎線、肥薩線隼人〜吉松間、吉都線、日豊本線鹿児島中央〜国分間で、宮崎の車両は日豊本線高鍋〜西都城間、吉都線、日南線で使用されている。

また長崎佐世保地区ではしばらくキハ40系の運用が消滅していたが、長崎新幹線開業に伴う江北(旧・肥前山口)〜早岐間の経営上下分離の関連で、佐世保(早岐)を基地に早岐〜江北間、江北〜諫早〜長崎間でキハ40系の運用が再開されている。

現在はまだ北海道、西日本、四国、九州のJR4社で活躍が見られるキハ40系であるが、四国や北海道では消滅へのカウントダウンというべき状況であり、西日本や九州も恒常的な運用はあと数年と思われる。今のうちに国鉄時代の車内をよく残すキハ40系の乗り心地を楽しんでいただきたい。

まだ非冷房・標準機関のキハ47形1044号車。関門トンネルを抜けて本州に乗り入れる運用があった。下関　1995年8月6日　写真／児島眞雄

北九州地区では機関換装をしたキハ147形が走っていた。日田彦山線から久大本線に乗り入れる。夜明　2004年10月7日　写真／児島眞雄

第5章

国鉄気動車のあゆみ

キハ40・47・48形が登場するまでに、国鉄ではさまざまな気動車を開発してきた。電車と違い、車体や客室設備だけでなく、ディーゼル機関の開発も大きな要素である。必ずしも成功例ばかりとはいえないのが、技術者だけでなく、整備や運転にかかる現場の苦労を物語る。近年は再び電気式気動車が登場し、気動車は変革期に入っている。

国鉄気動車史

文◉松本正司

電化の進んだ我が国の鉄道。全盛期に比べて廃止区間が増えたとはいえ、今でも狭い国土に網の目のように張り巡らされた鉄路の全長の半分以上は非電化区間であり、そこを走る主役は色とりどりの気動車、すなわちディーゼルカーである。かつて、「保有数世界一」だった国鉄気動車の歴史を概観する。

キハのキは蒸気の気

東京を走ったかもしれないセルポレー式蒸気動車

1872（明治5）年の鉄道開業以来、すべての列車は蒸気機関車牽引であった。1890（明治23）年に東京で最初の電車が運転されて以来、都市の路面交通機関として電車が発展したが、都市間を結ぶ幹線も、地方のローカル線も、長く蒸気機関車が活躍してきた。

ヨーロッパでは19世紀末頃より輸送量の極めて小さい軽便鉄道や末端のローカル線、あるいは馬車鉄道の馬の代用として、小型の蒸気機関を客車に組み込んだ「蒸気動車」が実用化された。ジブリ映画「ハウルの動く城」の冒頭に出てくる煙を吐いて走る路面軌道がそれである。

1887（明治20）年、フランスのレオン・セルポレーが、小型の蒸気機関を客車に組み込んだ「セルポレー式自動客車」を発明した。セルポレーはこれを日本に持ち込んで、東京馬車鉄道（のち東京電車鉄道を経て東京市電気局→東京都交通局・都電1系統などのメインルート）で試運転を行ったが、採用に至らなかった。ほかの東京府内および広島県呉の路面軌道で採用計画があったが、政府からセルポレー式は市内では不認可とされた。

国内で唯一セルポレー式が採用されたのは1905（明治38）年、愛知県の瀬戸自動鉄道（現・名古屋鉄道瀬戸線）だが、高性能の小型水管ボイラーと精密な走り装置を使いこなすことができず、稼働率は低かった。セルポレー式はもともと平坦な市内軌道用に開発されたもので、燃料にコークスを使用し、発車前に給炭すれば終点まで補給なしで済むというものだったが、瀬戸線の線路状況では途中で燃料切れを起こした。

そのため翌年には電化が決定し、2年後の1907（明治40）年に電車が走り始めた。皮肉なことに、その頃には取り扱いに慣れたためか、セルポレー式が順調に走るようになった。電化はされても当時の電力事情が悪かったため、停電時にはセルポレー式が代走を務めていた。電力が安定した1911（明治44）年にお役御免となった。

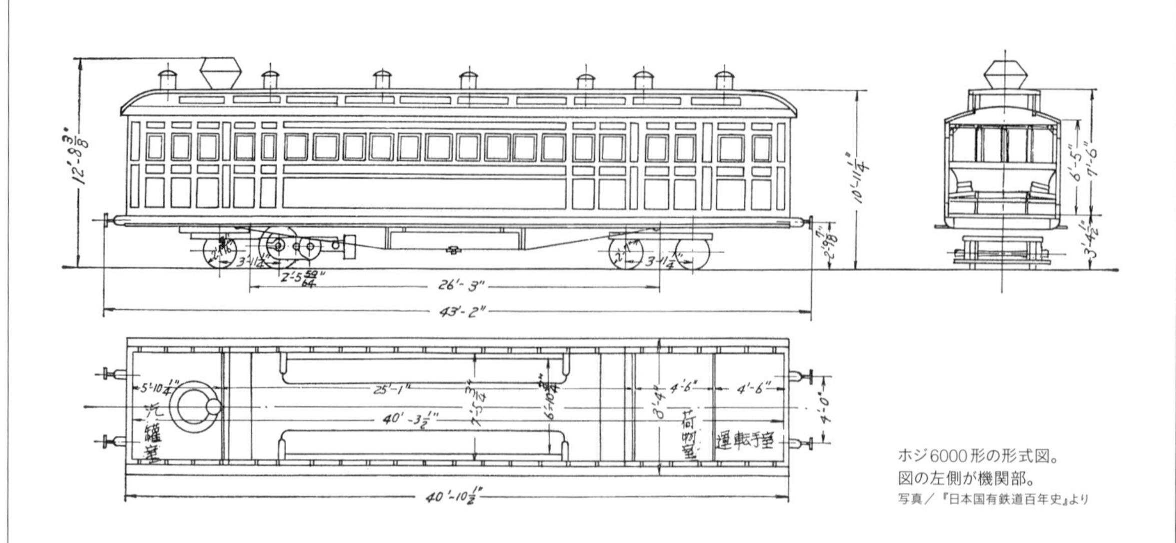

ホジ6000形の形式図。
図の左側が機関部。
写真／『日本国有鉄道百年史』より

関西鉄道の輸入したハンガリー製蒸気動車

1907(明治40)年、ハンガリーのガンツ(またはガンズ)社が製造したガンツ式蒸気動車2両を関西鉄道が導入した。後のホジ6000形である。関西鉄道(現・関西本線)は名古屋〜大阪(湊町、現在のJR難波)間を官営鉄道東海道本線とスピード・サービス・運賃で壮絶な争いを演じた私鉄である。また、新しい技術を積極的に採り入れる社風でもあった。ガンツ式蒸気動車の到着後まもなく関西鉄道が国有化されたため、これが最初の国鉄気動車となった。

ガンツ社はスイス生まれのアーブラハーム・ガンツがハンガリーで興した重工業会社で、日本でいえば日立製作所や三菱重工、石川島播磨重工(現・IHI)のような会社で、鉄道車両のほかに造船や自動車、航空機用エンジン、発電機、変圧器などを製造する。鉄道の交流電化の基を作り上げた会社でもある。

ガンツ式は18kg/㎠という高圧の縦型水管ボイラーを使い、ロッドではなく歯車で動輪を駆動した。国産蒸気機関車のボイラー圧力は1937(昭和12)年に製造を開始したC57形以降の16kg/㎠が最大であり、戦後C58形を用いて18kg/㎠の試験を行ったが、注水器が動作しないなどうまくいかなかった。国産蒸気機関車のボイラーはほぼ水平な煙管ボイラーであり、縦型水管ボイラーはガス瞬間湯沸かし器のような構造で、従来の蒸気機関車と全く異なるシステムであった上、複雑精緻な走り装置の保守に手を焼き、当時の日本の技術では手に余るものであった。

1909(明治42)年までに近江鉄道など3社がガンツ式蒸気動車を導入したが、普及することはなく、ガンツ式の技術は途絶えてしまった。

現在も保存車がある国産初の蒸気動車

1909年、大阪・汽車製造会社の技師・工藤兵次郎が設計した工藤式蒸気動車が完成した。工藤式蒸気動車は、ガンツ式同様に機関部が2軸台車で、客室の後部台車とともにボギー台車を構成していた。ガンツ式との違いは、機関部をあえて最新型とせず、低性能だが堅実な従来の蒸気機関車としたことで、当時の日本の技術レベルに似合ったものだった。

1912(明治45)年から1914(大正3)年にかけて、鉄道院(のちの鉄道省・国鉄・現在のJR)が工藤式蒸気動車を14両発注。これが国鉄が最初に発注した気動車である。博物館明治村を経てリニア・鉄道館に展示されているキハ6004号車が唯一の生き残りである。現在も気動車の形式記号となっているキハの「キ」は、蒸気の「気」なのだった。

工藤式蒸気動車は鉄道院ばかりでなく、地方私鉄や軽便鉄道などにある程度普及した。ガソリン機関が発達すると、大正末頃には次第に姿を消していったが、生き長らえた少数はやがて大活躍をする。その話は、また後ですることにしよう。

1912年に汽車製造会社で製造されたキハニ6450形。動輪にロッドがあるのが分かる。
自動連結器に交換された1925年以降の撮影。写真/『車両の80年』より

内燃機関の発達

内燃機関がドイツで実用化

ボイラーで沸かした蒸気をシリンダーに送り、ピストンを動かす蒸気機関(外燃機関)に対して、シリンダー内に送り込んだ気化したガソリンや軽油・LPガスなどを爆発燃焼させて動力源とするものを内燃機関という。初期の蒸気機関がそうであったように、内燃機関もまた、最初は定置式の動力源として用いられた。

内燃機関も古くから研究されてきたが、実用的な4ストローク(4サイクル)エンジンは、1876(明治9)年にドイツのニコラス・オットー、ゴットリープ・ダイムラー、ヴィルヘルム・マイバッハの共同で開発された。オットーは4ストロークエンジンのオットーサイクルに名を残し、ダイムラーもマイバッハも現在も社名やブランド名として名を残す。最初の実用的なガソリンエンジンの乗用車を作ったのは、1886(明治19)年、や

はりドイツのカール・ベンツといわれている。1910(明治43)年頃には、ヨーロッパでガソリンエンジン駆動の鉄道車両が走り始めた。

1892(明治25)年、これまたドイツのルドルフ・デイーゼルがディーゼルエンジンを発明した。ディーゼルエンジンはガソリンエンジンと比べ、低回転高トルク、大きく重いのが特徴で、最初はポンプや発電機などの定置エンジンとして、次に船舶用エンジンとして用いられた。世界で最初に鉄道車両用に用いられたのは、1912(明治45)年であった。

国鉄の内燃機関は気動車から始まった

日本の鉄道で最初の内燃機関(ガソリンエンジン)による気動車の営業運転を行ったのが1921(大正10)年。全長わずか4m、定員12人という小さなものだった。当時のガソリンエンジンは10〜20PSという非力なものだったので、軌間610mmや762mmの軽便鉄道用であった。単端(たんたん)と呼ばれる片運転台で、終点では蒸気機関車と同じく、転車台で向きを換えなければならなかった。

最初の1067mm軌間用のガソリン動車は1927(昭和2)年、これが両運転台の気動車の始まりでもあった。そして最初のボギー台車の気動車の製造は、1928(昭和3)年だった。

キハニ5000形

ここまで、ガソリン動車(ガソリンカーと呼ばれていた)はすべて地方の私鉄向けで、鉄道省(のちの国鉄、現在のJR)最初のガソリン動車は、1929(昭和4)年に12両製造されたキハニ5000形である。車体は同時期に製造された31系電車(のちのクモハ11形200番代)と類似した大型車体で、長さを10mに縮めたような丸屋根車体、下回りは2軸貨車にガソリンエンジンを取り付けたような形であった。

冷却効率を上げるため、前面上部に装着されたラジエーターが特徴である。変速機は機械式4段変速で、自動車でいうマニュアルトランスミッションである。エンジンは日本海軍の内火艇(ないかてい)用を手直しして用いた。技術習得のため九州を除く全国各地に配属されたが、公称15.5トン(実測19トン)の重量に定格出力43PSのエンジンはあまりにも非力で、期待した性能は出すことができなかった。それでも故障は少なかったといわれている。

1937(昭和12)年に勃発した日中戦争による燃料統制により1939(昭和14)年には全車使用休止となり、1942(昭和17)年にエンジンを降ろして客車ハニ5000形に、一部は救援車ヤ5010形になった。車体や連結器が頑丈にできていたために転用が可能だった。戦後は倉庫などに活用されていたが、そのうちの1両、キハニ5005号車が復元され、現在もJR北海道苗穂工場で保存されている。

鉄道省初の気動車、キハニ5000形。全長約10mの小さな車体の2軸車だ。
写真／『車両の80年』より

電気式気動車の始まり

キハニ36450形

昭和初期にはまだ液体変速機がなく、総括制御(2両以上の編成を1カ所の運転台から一斉に制御する)

電気式ガソリン動車のキハニ36450形。写真手前側が機関室で、3軸台車を履く。
写真／『車両の80年』より

のためにはエンジンで発電機を回し、発生した電力で車輪に取り付けたモーターを動力とする、いわば自家発電の電車とするしか方法がなかった。欧米ではすでに実用化されていた、この電気式気動車を鉄道省が試作したのは1931(昭和6)年のことであった。これがキハニ36450形で、2両製造された。米原機関区に配置され、東海道本線と北陸本線の区間運転に使用された。

車体長は20m、エンジンは200PSのガソリンエンジン。床下には収まらず、客室の一端を仕切って機械室とした。エンジンと発電機に余裕がないので、冬季の暖房は車内に小型のボイラーを置いて、客車同様の蒸気暖房を座席下に設置した。発電機は一定回転で750V・135kWのものをエンジン直結とし、モーターは80kW2基の吊り掛け式であった。エンジンと発電機が重いので、機械室側の台車は3軸、駆動台車は2軸という変速ボギー台車だった。発電機の電圧制御ではなく、普通の電車と同じように制御器による直並列組み合わせ制御を行っていた。

1936(昭和11)年には木造国電改造でエンジンのないキクハ16800形を連結して総括制御を実現した。変速機やクラッチのないぶん故障は少なかったといわれているが、同時代の電車モハ32形が自重40トン程度、100kWの主電動機4基に対し、自重50トンのキハニ36450形は80kWの主電動機が2基。いくらなんでも力不足である。さらに燃費が非常に悪く、後継のキハ41000形の3倍の燃料費だったそうである。

戦時下の燃料統制により1943(昭和18)年には使用停止となり、戦後は一時期事業用客車となったが、まもなく大井工場の事務所の代用となり、やがて解体された。動力台車2両分2台は払い下げられ、台車は北陸鉄道ED30形1に、モーターは東武鉄道日光軌道線ED611に流用された。

キハ41000形とキハ40000形

国鉄気動車が曲がりなりにも成功の域に達したのが1933(昭和8)年に完成したキハ41000形(当初の形式はキハ36900形、のちのキハ04形)である(この時に気動車の形式数字が客車の30000番代から独立して、40000番代になった)。16m級の車体に、6気筒100PSの国産エンジンGMF13を積んだ。

1936(昭和11)年までに140両製造されたが、このうち1934(昭和9)年と翌35年に造られた2両は試作ディーゼルエンジンを搭載してキハ

実用の域に達したガソリンカー、キハ41000形。車体は16m 級。写真／『車両の80年』より

キハ41000形を12m 級に縮めたキハ40000形。形式の数字は若いが、登場はこちらが後。
写真／『車両の80年』より

キハ41000形にディーゼル機関を搭載した、国鉄初のディーゼル動車、キハ41500形。
写真／『車両の80年』より

41500形となった。これが国鉄最初のディーゼル動車（ディーゼルカー）である。キハ41000形の製造は1936年でいったん終了したが、使い勝手が良かったのか、戦後の1951（昭和26）年にキハ41500形が50両追加製造された。こちらは最初からディーゼルエンジンを搭載していた。

1934（昭和9）年に、キハ41000形の全長を12m級に縮めたキハ40000形が製造された。エンジンや変速機、クラッチなどはキハ41000形と同じもので、部品の使い回しも可能な合理的な設計だったが、勾配用にギヤ比を大きくし、平坦線なら客貨車1両程度を牽引できるという目論見だった。ところがギヤ比を大きくしたのが裏目に出て速度が出ず、ラジエーターの通風不足でオーバーヒートを起してしまった。

それで最初のキハニ5000形と同じように、ラジエーターを前面上部に移設することになった。これに懲りたのか、キハ40000形の製造は30両で打ち切られてしまった。だが実際には車体の小さいキハ40000形に100PSのエンジンはまだ余裕があり、計算上は93km/h出るはずだった。それで「運転速度に注意」ということがうるさく言われていた。貨車を牽かせたり勾配をゆっくり登ったのが悪かったのではないか。

キハ42000形

1935（昭和10）年から1937（昭和12）年にかけて、流線形のガソリンカー・キハ42000形が62両製造された。当時、世界中で流線形ブームが起きており、鉄道省もC53形蒸気機関車を1両、流線形に改造しており、C55形のうち21両は最初から流線形で量産された。EF55形電気機関車とモハ52形電車も流線形で登場した。100km/h程度の速度では流線形にする意味もないのだが、乗客の目には新鮮に映ったことだろう。

車体長19mで自重27トンと、キハ41000形より大型化したので、エンジンも8気筒150PSの新型GMH17となった。完成直後の1935年6月に、キハ42000号車と42003号車の2両を用いて、東京～静岡間で高速度試験を行った。東京駅午前9時ちょうど発の超特急「燕（つばめ）」の13分後に発車した試運転列車は、小田原で先行の「燕」に追いついてしまった。東京～静岡間を「燕」が2時間48分かかるところ、2時間26分50秒で到着し、途中の最高速度は108km/hを記録した。

当時はまだ気動車の総括制御はできず、2両以上連結の場合は運転士が1両に1人ずつ乗り込み、電鈴の合図で運転していたから、これは驚異的なことだった（ちなみに、今でも運転関係の規則には「ブザーまたは電鈴合図」と書いてあるが、電鈴はこの時代の名残である）。

1937（昭和12）年、同じ車体でディーゼルエンジンを載せたキハ42500形が3両試作された。

キハ43000形

同じ1937（昭和12）年、200PSを超える大型ディーゼルエンジンを用いた電気式気動車が登場する。設計担当は鉄道省の設計主任であった島秀雄。D51形蒸気機関車の設計が終わり、量産が始まった頃である（島はのちに東海道新幹線のシステムを開発することになる）。これがキハ43000形で、2両の動力車の間に付随車キサハ43500形を挟んだ3両編成。両端の動力車キハ43000形が全長20m、真ん中のキサハ43500形は17m車であった。

車体はモハ52形によく似た流線形で、動力車キハの床下にエンジンと発電機を置き、片側の台車に吊り掛け式に2基の主電動機を置いた。モーターはキハニ36450形と同じ80kWのもの。発電機の出力に余裕がなかったため、スターターモーター・電灯回路・制御回路は、キサハの台車に取り付けた車軸発電機と床下の蓄電池から得られる電気を用いている。だから運転にはキサハは必ず必要で、暖房もキサハの床下にボイラーを置き、ダクトで両側のキハに温風を送るものであった。3両で1ユニットを組む編成の考えは、のちの新幹線電車に共通するものがある。

キハ43000形はエンジンが不完全なもので、潤滑がうまくいかず、し

流行の流線形を車体デザインに採り入れたキハ42000形。写真／『車両の80年』より

流電ことモハ52形に似た前面のキハ43000形。写真の先頭車単独では走行できなかった。写真／『車両の80年』より

ばしば重大な故障を起していた。そのため燃料統制で動けなくなる前に運用を停止してしまった。キハは戦災で廃車になってしまったが、キサハは戦後まで生き残って電車の中間車になり、最後は再び気動車の中間車になって1966（昭和41）年に数奇な一生を終えた。

戦争と重大事故を超えて

1936（昭和11）年から1940（昭和15）年にかけて、キハ41000形2両を用いて液体変速機と総括制御の試験が行われた。ほぼ完成の域に達して、1941（昭和16）年にディーゼル化する予定で試作機を発注したが、戦争のために中断してしまった。

1940年1月29日午前6時55分、大阪市此花区の西成線（現・桜島線〈JRゆめ咲線〉）安治川口駅構内のポイントを3分遅れで通過中の3両編成の気動車列車の最後部（キハ42056号車）が脱線転覆、漏れ出た燃料のガソリンに引火して全焼、超満員の乗客188人と車掌1人が死亡、負傷者69人という我が国鉄道史上最悪の事故となってしまった。

原因は駅係員による転轍機（てんてつき）の途中転換だが、本来は途中転換できないように機械的鎖錠装置が付いているものを、戦時の金属供出で無断で撤去していたことによる。事故当時は隠蔽されていたが、戦後になって発覚した。いくつもの悪条件が重なってのことだが、燃えやすいガソリンを燃料に使っていることが被害を大きくした。

燃えにくい軽油を燃料にしたディーゼルエンジンの開発が急がれたが、完成を目前にして戦況が悪化、燃料も手に入らなくなり、内燃車そのものの運行が不可能になってしまった。

日本国内の気動車が、次第に燃料不足で動けなくなって行く中、1938（昭和13）年から1942（昭和17）年にかけて、12m級のキハ40000形の半数にあたる15両が標準軌に改軌されて中国大陸に送られた。最新型のキハ42000形も10両、やはり中国に送られている。キハ40000形は数年前に廃車体が見つかったが、キハ42000形の行方は全く不明で、煙のように消えてしまった。

1938（昭和13）年5月、ガソリンが配給制になり、配給ガソリンにはメチルアルコールが10％混入されていた。鉄道省は1937（昭和12）年を最後に気動車の新製を中止したが、私鉄向けも翌38年には原則認められなくなった。ガソリンも軽油もなく、1945（昭和20）年5月、国鉄ではついに内燃車の運転を完全にとりやめた。キハニ5000形は連結器が頑丈だったので、エンジンを降ろして客車として働くことができたが、キハ41000形やキハ42000形は軽量化のために簡易連結器を採用しており、これは自車1両分くらいの強度しかなく、牽引される場合に編成の最後部につながなくてはならなかった。そのため、一部の気動車は倉庫代わりに使われたが、ほとんどは留置線で放置された。

その頃、運行をとりやめたガソリンカーやディーゼルカーを尻目に、毎月走行キロを伸ばしている気動車がいた！　そう、温存され、生き延びてきた蒸気動車である。水と石炭とわずかな潤滑油があれば動く蒸気動車が最後の働きを見せてくれたのだ。老朽化が進んで、国鉄の蒸気動車は1947（昭和22）年で運転をやめたが、払い下げを求める私鉄が殺到した。そして引退した蒸気動車の動力部分を抜き取り、改造すると小型の蒸気機関車が1両できた。残った客室部分に適当な台車を組み合わせると、客車が1両できる。姿形を変えながら、1950年代まで働いた蒸気動車がいたことは覚えていてほしい。キハのキは蒸気の気。蒸気動車は1両で二度おいしいのだった。

復興と気動車

代用燃料で運転を再開

戦争は終わった。敗戦のその日も、汽車は定時で走ったという。しかし戦争中に酷使されたレールはガタガタ、ロクな手入れもされなかった車両はボロボロで、客車は窓ガラスも椅子もなく、気動車は燃料がなくて動けず、機関車は故障したまま動けないものが半数近かったという。

燃料不足なのはトラックやバスも同様で、それらの自動車に「木炭ガス発生炉」を取り付け、薪や木炭を蒸し焼き状態にして発生させた一酸化炭素を主成分とした可燃ガスでガソリンエンジンを動かした。

国鉄でもキハ41000形にガス発生炉を取り付け、運転を再開した。かなりの数のキハ41000形が改造されたが、車体の大きくて重いキハ42000形は改造されたものはないとされる。木炭ガス駆動のエンジンは力がなく、勾配を登れず止まってしまう事象が相次いだ。また、ディーゼルエンジン搭載車には木炭ガスは使えなかった。

1949(昭和24)年4月、千葉県で豊富にとれる天然ガスを燃料にしたガスカーが登場。キハ41000形とキハ42000形のガソリンエンジンを改造したキハ41200形が5両とキハ42200形が11両造られ、房総東線(現・外房線)・房総西線(現・内房線)・久留里線・東金線・木原線(現・いすみ鉄道)を走り始めた。新潟地区の越後線・弥彦線・信越本線(新津〜新潟間、直江津〜新井間)・磐越西線(新津〜馬下間)・羽越本線(新津〜新発田間)、山形地区の奥羽本線(上ノ山〜天童間)・左沢線でもガスカーが走った。

だが燃料費が異常に高い(1km走るのに当時ディーゼル=軽油は1円65銭、蒸気機関車=石炭は2円43銭、ガソリンカー=ガソリンが6円91銭、ガスカー=天然ガスは11円70銭)ことから、燃料統制が撤廃され、軽油が流通するようになった1952(昭和27)年、ガスカーはすべてディーゼルカーに改造されることになった。最終的に22両のキハ42200形がディーゼルカー(キハ42500形)になった。

標準エンジンと液体変速機の開発

戦前に鉄道省が中心となり、民間五社が共同で設計に参加した150PSのディーゼルエンジンDMH17は1941(昭和16)年に基本設計が完了し、翌年には試作機の製作も始まった。だが戦争の激化で中断され、戦後も食べるのが精一杯の状況でそれどころではなく、世の中がようやく落ち着いてきた1949(昭和24)年10月に標準エンジンの製作が再開されることになった。この時点でDMH17は原設計から10年経っており、出力も小さく、すでに時代遅れになりつつあった。キハ43000形に使われた240PSエンジンが検討されたのだが、図面も本体も失われてしまっており、新たに設計し直すと2年以上かかることがわかった。

そんなとき、DMH17の図面と試作部品の一部が見つかり、一日も早く総括制御の気動車を、との思いから多少の陳腐化には目をつぶり、一部に新しい技術も取り入れて試作機が完成したのは1951(昭和26)年2月。同時に完成した液体変速機(トルクコンバータ)と組み合わせ、キハ42013号車のGMH17と換装、キハ42503号車と改番して試験に供されることになった。

キハ44000形とキハ44500形

エンジンにはほとんど問題はなかったが、開発陣が液体変速機の調整に手間取り、完成に1年以上かかってしまった。その間に作られたのが新開発の標準ディーゼルエンジンDMH17を発電用に使った電気式気動車キハ44000形である。設計者曰く「トルクコンバータがなかなか決まらないので、国鉄本社の偉いさんから早く総括制御の気動車を作れ！とせっつかれたので、とりあえずこれを見せておけばいいかな、と。コンバータがもう少し早く決まっていたら、これは作らなかった」。

80系電車のような湘南顔で登場した電気式のキハ44000形。この後は液体式の時代となった。
写真／『車両の80年』より

初めての本格的な量産気動車となったキハ10系。写真手前はキハ16形。車体が小ぶりなので台車が目立つ。天王寺　1959年7月　写真／辻阪昭浩

そんな時代の徒花のようなキハ44000形だが、偉いさんに気に入られたのか、総数30両のちょっとした世帯になった。走行用のモーターは、実は日本最初の直角カルダン駆動でもあった。キハ44000形製造の翌53年、ほとんど同じ車体で液体式のキハ44500形が4両製造された。同じDMH17エンジンでも、発電機やモーターの分だけ自重の重い電気式が不利なのは明らかで、キハ44000形グループ30両は液体式に改造され、キハ15系として統一された。前面2枚窓の湘南顔は貫通できないため編成の自由度が低く、このグループは最終的に全車、郵便荷物合造車に改造され、10系気動車の一員と見なされるようになった。

キハ45000形
（キハ17形）

液体式というのは、エンジンの出力を車輪に伝える際に、液体（軽油程度の粘度のオイル）を介した変速機を用いる駆動方式。連結運転する列車の総括制御が可能である。エンジンで発電機を回す電気式よりも重量の面で有利であったため、戦前から研究されていたが戦争により中断。戦後研究が再開され、長い実車試験ののち1953（昭和28）年6月の改修で完成を見た。

試作車キハ44500形を経て同年中に量産に移ったのがキハ45000形、のちのキハ17形である。さまざまな派生形式を産みながら、1957（昭和32）年までに728両のグループに成長した。基本の形式キハ17形は20m級車体で片運転台、トイレ付き。トイレなしのキハ16形、両運転台トイレ付きのキハ10形、トイレなしのキハ11形、酷寒地向けの両運転台トイレ付きのキハ12形、運転台のない中間車キハ18形、同じく2・3等合造車キロハ18形、2基エンジンの試作車で全長22m級のキハ50形、2基エンジンの量産車で20.5m級のキハ51形、それらの改造で郵便荷物合造車2形式の11車種にのぼる。便宜上これらを10系気動車と呼ぶが、気動車や旧形国電などは正式には系は付けない。

軽量化技術がまだ進んでいなかったので、一般の客車・電車よりも幅が20cm小さい狭幅車体で、車体高さも低い。座席も背が低く、背ずりが薄く後ろの人と頭がぶつかったり、もぞもぞと背中が動くのがわかったりした。内装もベニヤの内張に塗装したもの、という安普請だった。乗り心地も悪かったが、それでも蒸気機関車の煙にいぶされる旅行と比べると大歓迎された。そしてこの10系気動車のシステムが、その後の国鉄気動車の方向を決めたのだった。

キハ44800形
（キハ55形）

多くの乗客に歓迎された10系気動車だが、さすがに長距離の移動や観光旅行などには居住性に問題があった。国鉄ではそれまで車体強度の計算法がなく、設計にはベテラン設計者のカンを頼っていた。10系軽量客車の設計にあたって、ヨーロッパ（スイス）の軽量客車を参考に従来の客車と同一寸法ながら、30%以上の軽量化を達成した。気動車にもこの手

客車や電車と同様の大型車体を実現したキハ55系。準急から急行へと格上げされ、優等列車網の拡大に貢献した。1963年7月　写真／辻阪昭浩

法を取り入れ、急行用客車と遜色のない大型の車体ができ上がった。

ちょうどこの頃、国鉄と東武鉄道は国際観光地・日光をめぐって熱い戦いを繰り広げていた。その争いは「日光戦争」とまで呼ばれていた。国鉄日光線はまだ非電化で、急勾配を蒸気機関車があえぎながら客車を牽いていた。東武は最初から電化されていて、浅草から直通の特急電車も走っていた。

1956(昭和31)年、国鉄は新形気動車を準急「日光」に投入した。キハ44800形、のちのキハ55形である。2基エンジンのキハ55形、同じ車体で1基エンジンのキハ26形、二・三等合造車のキロハ25形、全室二等車(現・グリーン車)のキロ25形のグループで、1956(昭和31)年から1960(昭和35)年にかけて全部で486両製造された。全車運転台付きで、中間車はない。

最初に急勾配の日光線向けに2基エンジン車が造られ、翌年1基エンジンのキハ26形とキロハ25形が加わった。二等室の評判が良く、全室二等車の要望が高まったので、翌々年にはキロ25形が加わった。

10系気動車は1基エンジン車と2基エンジン車で全長が違ったが、このグループでは全車同じ長さである。そのかわり、一般の客車電車の全長20mのところ、21.3mとなった。エンジン2基分のスペース確保のためと、将来2基エンジン車が不足した場合に、改造を容易にする下準備という意味もあった(改造例はない)。全車運転台付きとしたのは、10系気動車で優等車に運転台がなかったため編成の自由度が下がったことの反省からだった。21.3mという長さは、その後の在来線旅客車の最大長として定着した。キハ28・58形気動車や12系客車などがそれにあたる。

キハ55形は南海電鉄や島原鉄道もほぼ同一の車両を導入し、国鉄直通の急行列車に用いた。キハ55系の成功は、非電化ローカル線まで優等列車網を築くことになった。100km以上の距離を走る準急は、急行を名乗ることになり、国鉄の収入増に貢献することになった。

キハ20形

大型車体のキハ55形の成功で、キハ10系が見劣りするようになってきた。キハ10系の後継車は、やはり大型車体を採用することになり、1957(昭和32)年に登場したのがキハ20形とその一族である。ここでは便宜上キハ20系と呼ぶことにする。

キハ20系は1966(昭和41)年までの10年間に1126両製造され、日本中の国鉄線を走った。キハ49000形として発注されたが、形式称号改定後の落成となったので、キハ20形という形式が与えられた。両運転台のキハ20形、片運転台のキハ25形、両運転台・寒冷地向けのキハ21形、両運転台・酷寒地向け・デッキ付きのキハ22形、両運転台・2基エンジンのキハ52形。寒冷地・酷寒地向けの片運転台・郵便荷物三等合造車キハユニ25形、暖地向けの片運転台・郵便荷物三等合造車キハユニ26形。ほかにキハ21形からの改造で両運転台・郵便荷物三等合造車キユニ21形がある。

2基エンジンのキハ52形が21.3m車で、ほかは全部20m車。通勤通学のラッシュにも使いやすいようにドアを車体中央寄りに寄せ(ドアが両端にあると乗客が中に詰めず入口付近が混みあってしまう)、ドア付近はロングシートで、その付近は吊革も設置されている。これは酷寒地仕様でデッキ付きのキハ22形を除いて各車共通である。

キハ22形は準急用のキハ55形とほとんど内装が変わらず、また勾配線区用で両運転台のキハ52形などは後年に至るまで、しばしば準急や急行列車に使われた。10系気動車が国鉄時代に全廃され、JRに承継されたものはないのに比べ、20系は多くがJRに承継され、キハ52形などは適当な代替形式もなく近年まで現役で活躍する姿が見られた。

またキハ52形は量産の途中からこれまでの垂直シリンダーの縦型エンジンから水平シリンダーの横型エンジンに代わっている。製造期間が長かったので、他形式も途中から台車や窓周りの変更、室内灯の蛍光灯化が行われている。

キハ20形を使用した準急「房総」。キハ55系と併結している。千葉　1960年9月　写真／辻阪昭浩

特急形気動車の誕生

キハ80系

国鉄線上には長いこと特急列車は東海道・山陽の両本線と関門トンネル開通後に鹿児島本線だけで、まさに特別な急行列車だった。東京以北に最初に走った特急列車は、1958(昭和33)年に上野〜青森間常磐線経由の「はつかり」で、客車列車をC62形が牽いた。時を同じくして、東京〜大阪・神戸間に電車特急「こだま」が登場。明るい塗装とスマートな外観で、人々を魅了した。

1960(昭和35)年10月に東京で第二回アジア鉄道首脳者会議を開催することが決定、そこでのお披露目と「はつかり」の置き換え目的で、新形気動車特急の開発が決まった。決定から完成までわずか10カ月しかなく、時間切れで完成後もトラブルが相次ぎ「はつかりがっかり事故ばっかり」と新聞紙上をにぎわせた。

車体はこだま形151系電車とほとんど同じ、クリームと赤の塗装も全く同じだ。冷暖房や食堂車の調理はすべて電気になった。先頭のキハ81形は「こだま」と同じボンネット形状だが、内部に巨大なディーゼル発電機を積んでいるのと、途中に単線区間があり、タブレット授受のために運転台が低く抑えられたので横に広がって見え、「こだま」とは似ても似つかぬユーモラスな外観になった。ファンはそれを"ブルドッグ"とか、のちには"ジャイアントロボ"と呼んだ。

キハ82形で全国特急網構築

「はつかり」の運転開始の翌1961(昭和36)年10月のダイヤ改正で全国に特急列車を大増発することになった。輸送量のあまり大きくない非電化区間も含まれたために、正面非貫通のキハ81形ではなく、増解結の容易な正面貫通タイプの先頭車が必要とされた。そこで生まれたのがキハ82形である。このとき増備された中間車は、食堂車が走行用エンジンなしのキサシ80形から走行用エンジン2基搭載のキシ80形に代わったこと以外、「はつかり」用中間車にトラブル対策を施したものとなった。

運転台のない中間車がキハ80形・キロ80形・キシ80形とすべて形式80を名乗ったため、キハ81形・キハ82形の系列を便宜上キハ80系と呼んでいる。キハ80系は全部で384両製造された。他の国鉄型気動車が制御回路の電圧が24Vに統一されていて、形式を問わず連結運転できるのに対し、80系以降の特急形気動車は制御電圧が100Vなので他形式と混結することができない。特急専用車なので、混結運用する必要性もなかった。

当初はトラブル続きだったキハ80系も、関係者の血のにじむような努力で、その後安定した走行ができるようになった。ここで国鉄気動車の一応の完成を見た、と言ってよいだろう。相変わらずの出力不足のエンジンで悩まされてはいたが。

キハ81形を先頭にした特急「はつかり」。1963年11月　写真／辻阪昭浩

余部橋梁を渡るキハ82形の特急「まつかぜ」。1963年8月　写真／辻阪昭浩

急行・近郊・通勤形に発展

通勤形気動車 キハ30・35・36形

この気動車が開発された1961(昭和36)年頃は、大都市近郊にもまだまだ非電化路線が残っていた。特に関西本線大阪口(湊町、現・JR難波)付近の朝夕の混雑はひどく、早急な対策が望まれていた。そこでオールロングシート・片側3カ所両開きドアの当系列が開発された。両運転台トイレなしのキハ30形、片運転台トイレ付きのキハ35形、片運転台トイレなしのキハ36形の3形式である。製造総数は413両。

両開き3扉・ロングシートの収容力はすさまじく、関西本線に続いて首都圏では川越線と千葉管理局管内の各線に、門司管理局管内では筑肥線に投入された。新潟管理局管内の越後線・弥彦線には寒冷地仕様のキハ30・35形の500番代が投入された。海岸線を走る房総西線を持つ千葉局では、塩害対策と軽量化の両方を兼ねて、オールステンレスのキハ35形900番代が10両製造された。

キハ30・35形は現場の評判が良く、東北・北海道を除く非電化各線の現場がほしがって、電化で余剰車が出ると取り合いになった。評判が良い、というのは性能が良いとか故障が少ないとかではなく、ラッシュ時に詰め込みが効くので、編成に1両混ぜておくとラッシュ対策になるからだった。実際、普通夜行「はやたま」乗継の白浜発名古屋行きの紀伊半島を半周する長距離鈍行列車のキハ58形の隣に、しれっとキハ35形が連結されているのには驚いた。夜行列車乗継なので、ロングシートは簡易ベッドになったが、実際には四日市〜名古屋間の朝ラッシュ対策だったのだろう。

非電化区間各駅は昔の客車ホームのままで、電車区間と違ってホームが低く、そのために気動車はドア部分にステップが付いている。この系列も例外ではなく、ステップのためにドア部分の台枠が広く欠き取られているので、車体強度の確保のため戸袋を設けられず、変則的な外吊りドアになった。貫通扉と幌の付いた正面切妻と相まって、印象的な外観になっている。

急行形気動車 キハ56・57・58・65形

準急形・特急形・通勤形と出揃った国鉄気動車の、真打ちといえる急行形がいよいよ登場。準急形気動車キハ55系には寒冷地仕様車がなく、北海道には夏になると本州からかき集めたキハ26・55形などで準急列車を運転し、冬になる前にそれらを元の車両基地に返し、道内配置の酷寒地仕様のキハ12形やキハ22形で運転を継続していた。

その頃、旺盛な旅行需要とビジネス客の増加で、全国的に急行列車増発の要望が高まっていた。準急仕様のキハ55形も急行用としてはやや劣るのに、一般車のキハ22形、まして狭幅のキハ12形では遜色急行そのものである。そのような流れの中で急行形気動車の開発が進められ、もっとも要望の高かった北海道向けに1961(昭和36)4月、急行「狩勝」に酷寒地対策の施されたキハ56形とその一族が投入された。片運転台1基エンジンのキハ27形、片運転台2基エンジンのキハ56形、運転台のな

前面に快速の看板を掲げ、関西本線の通勤輸送に使用されるキハ35系。1964年7月　写真／辻阪昭浩

中央東線を行くキハ58系の急行「第1白馬」「八ヶ岳」。高円寺　1966年6月19日
写真／辻阪昭浩

い中間車で2等車キロ26形の3形式で、計251両製造された。この3形式をキハ56系と呼ぶこともある。

1961(昭和36)7月、上野〜長野間の急行「志賀」「丸池」用にも急行形気動車が造られた。当時、信越本線横川〜軽井沢間には碓氷峠のアプト区間があり、普通の気動車用台車だと多客時の列車の重さで一部がアプト式のラックレール(歯軌条)に接触するため、キハ82系と同じ空気バネとディスクブレーキ付きの台車を履いたキハ57形とキロ27形の2形式27両が造られた。

基本となったキハ58形よりも先に落成したのは、夏の軽井沢方面への旅行需要と、7年ごとの善光寺のご開帳で多客が予想されたためである。アプト式廃止と信越本線急行の完全電車化後は小海線・高山本線・関西本線・紀勢本線および四国島内に移り、国鉄末期まで使われた。

1961(昭和36)10月の改正で、中央東線・大糸線の急行「アルプス」用に、2基エンジンのキハ58形、キロ58形が投入された。このグループはその後も拡張を続け、1基エンジンのキハ28形、キロ28形、そして郵政省所有のキユ25形が造られた。1971(昭和46)年までに1823両が製造され、全国に急行列車網を作り上げた。製造期間が長かったことからその都度改良が重ねられ、番代区分が非常に多い。また国鉄末期からJR初期にかけて、両数に余裕ができたことからジョイフルトレインなどへの改造も多い。

1基機関で強力なキハ65形

2基エンジンのキハ58形は床下スペースがなく、屋根上にクーラーを積むことはできても、冷房電源を確保することができなかった。それで1基エンジンのキハ28形に発電用エンジンを取り付け、自車とキハ58形に冷房電源を供給することにした。そうすると今度は編成全体の出力が

実用化したレールバス キハ01・02・03形

レールバスをご存知だろうか？　最近よく聞くデュアルモードビークル？　違う違う。レールの上を走るバスみたいに小型の気動車のことだ。その昔、国鉄総裁がヨーロッパに視察に行って、そこで見たドイツの小型ディーゼルカーをいたく気に入って、帰国後さっそくこういう気の利いたのを作れ、と設計陣に申し付けた。

その頃はどんなローカル線でもラッシュ時は250人くらいの人出はあるから、こんなのじゃ無理！　とか、こんな小さいので済むくらいなら、レールはがしてバスにした方がいいよ、などと言う人もいた。

それでも無理が通ってしまうのが国鉄というお役所。バス部品を多用した小型車が何タイプかでき上がって、1954(昭和29)年から56(昭和31)年にかけてキハ10000形1次形(暖地形)、同じくキハ10000形2次形(寒地形)、キハ10000形3次形(寒地形)、キハ10200形(酷寒地形)、全部で49両が造られた。後になって1次形・2次形を一緒にしてキハ01形、3次形をキハ02形、キハ10200形をキハ03形に改番した。キハ03形1号車が小樽市総合博物館に保存されている。

木次線を走るキハ02形3号車。現在の木次線では、軽快気動車がベースのキハ120形が走っている。出雲横田　1963年8月28日　写真／辻阪昭浩

下がってしまい、定時運転が難しくなった。そこでキハ58形への電源供給と、大出力エンジンで編成全体の出力増強を兼ねて、1969(昭和44)年から1972(昭和47)年にかけて104両造られたのが、キハ65形である。

試作車キハ91形とキハ181系(後述)をもとに造られたが、トラブル続きだったキハ91形、キハ181系の失敗をフィードバックしたので、初期こそ故障が多かったものの、その後は安定した走りを見せた。12系客車とよく似た車体で、客用扉も同じ2枚折戸である。暖地形と500番代寒冷地形があるが、すべて中部以西の配置で、関東・東北・北海道への配置はない。

ただし急行「アルプス」の編成で新宿までの乗り入れはあった。末期にはイベント車への改造も多く、中には電車特急に牽引されて電化区間から非電化区間へ乗り入れする運用もあった。

キハ65形はその出自もキハ58系と縁の深いものだっただけに、キハ58系一族と運命を共にして同時期に全廃となった。

近郊形気動車 キハ23・24・45・46・53形(キハ45系)

電車でいえば、たとえば103系や209系などの片側4ドアでロングシートが通勤形、113系や115系などの片側3ドアでセミクロスシートが近郊形という区別がある。気動車だとどういうわけかドアがひとつずつ少なくて、3ドアでロングシートが通勤形、2ドアでセミクロスシートが近郊形と呼ばれている。

1966(昭和41)年から1969(昭和44)年にかけて全部で179両製造された。形式が20代、40代、50代と10の位が分けられているが、気動車の形式番号がそろそろ行き詰まってきたので、空いている番号に押し込んだのだろうが、よくわからない。とにかく同じコンセプトで設計された同じグループであり、しばしばキハ45系と呼ばれる。

両運転台で両開きドアのキハ23形、両運転台で片開きドアの酷寒地仕様のキハ24形、片運転台で両開きドアのキハ45形、片運転台で片開きドアの酷寒地仕様のキハ46形、両運転台で両開きドア、キハ23形を2基エンジンにしたようなキハ53形。両開き車の寒地向けは500番代となった。新製キハ53形には温暖地仕様しかないが、のちにキハ56形やキハ58形を両運転台に改造したものには酷寒地仕様車がある。両数の割に北海道から九州まで各地に分散配置されているのは、イメージアップのために新型車をばらまいたからではないかといわれている。

通勤通学用から急行列車まで使える、という汎用性が売り物であったが、数が少なかった上に中途半端な存在となってしまい、179両製造のうち176両がJRに承継されたにも関わらず、その直後から廃車が始まり、ほとんどが西暦2000年を迎える前に姿を消した。冷房改造も1両のみだった。

強力エンジンへの挑戦

失敗作キハ60形とキロ60形

気動車の開発と運転は、常にエンジン出力向上への戦いだった。終戦直後の木炭ガスは、まともに走らせることすらおぼつかなかった。戦後の標準となったDMH17エンジンは、完成したときにすでに時代遅れだったのに、それを標準化の名の下にずっと使い続けてきた。

確かに利点はあった。特急形以外、新旧あらゆる形式の国鉄気動車は相互に連結して運転できた。だから夜行列車の終点近くで朝のラッシュにかかるときは、通勤形をつないでおけば安価にラッシュ対策ができた。急行列車の先頭がオンボロの改造荷物車というのもあった。

だが電化区間が進捗すると、加速の遅い気動車が特急電車の足を引っ張るようになった。また勾配区間ではしばしばオーバーヒートを起こしたり、排気管が加熱して列車火災の原因となったこともあった。同じシステムの新型車を造り続ける一方で、国鉄技術陣は大出力エンジンへの研究は怠らなかった(だがそのほとんどは失敗に終わった)。

時を遡ること1960(昭和35)年、DD13形ディーゼル機関車に採用された垂直シリンダーのDMF31Sエンジンを気動車用に横型(水平シリンダー)に変更し、過給器(ターボチャージャー)を取付けて400PSを出せるDMF31HSAエンジンを開発、試作車キハ60形2両とキロ60形1両に取り付けて試運転を始めた。

しかし大口径の横型シリンダーは潤滑がうまくいかず失敗。大出力エンジンには、それに見合った変速機が必要なのだが、その変速機も動作不良で失敗。台車はギヤドライブ(昔のHOゲージ鉄道模型のインサイドギヤみたいなもの)だったが、夏の繁忙期にトレーラーとして営業運転中にそれが原因で軸受の固着を起こして前途運転不能となってしまった。唯一評価されたのはディスクブレーキだけだった。

結局この3両はDMH17エンジンに戻し、キハ26形とほとんど同じになってしまった。改番は行われず、最後は宇都宮の富士重工に送られ、自動消火器の試験車両となった後、現地で解体されてしまった。

強力な機関を搭載した量産試作車、キハ91形。高山本線で営業運転に就いた。写真／辻阪昭浩

量産試作車とは何ぞや？キハ91形

1966(昭和41)年、300PSと500PSの2種類の新型強力エンジンの開発が終了し、試作車キハ90形とキハ91形をもって試験に挑むことになった。最初に行われた千葉局管内房総西線(今の内房線)での試験はほとんど問題なく終了し、やはり500PSエンジンが妥当ということで、営業列車で長期間の実地試験を行うことになり、試作車を量産することになった。

300PSのキハ91形は500PSのキハ91形と同じエンジンに載せ替えてキハ91形9号車になった。耐久試験なので付随車(運転台もエンジンもない中間車)としてキサロ90形が3両造られた。1967(昭和42)年秋から中央本線(中央西線)・篠ノ井線の急行「しなの」として運転が始まったが、ここで千葉では起こらなかったトラブルが多発した。連続上り勾配で速度が出ず、また狭くて長いトンネルの連続で、屋上に置いたラジエーターの冷却がうまくいかず、オーバーヒートが頻発した。昭和初期のキハ40000形の失敗が繰り返されたのだった。

篠ノ井線の電化でキハ91形は高山本線の急行「のりくら」に活躍場所を移したが、相変わらずの冷却系統の不調と特殊車ゆえの予備部品不足から新製後10年を経ずして運用を停止、耐用年数の切れるのを待って廃車となった。

失敗は続くキハ181系

「ヨンサントオ」として知られる1968(昭和43)年10月ダイヤ改正は、戦後4回目の白紙ダイヤ改正だったが、その後の国鉄の方向性を決める画期的なもので、現代のJR特急の元にもなっている。高速列車網の整備もそのひとつで、583系寝台特急形電車、485系交直両用特急形電車、そしてキハ181系特急形気動車が登場することになっていた。

583系も485系もすでに直流と交流60Hz(または50Hz)の2電源車として581系・481系・483系という下敷きがすでにあったが、当時まだ特急列車の走っていなかった中央西線用のキハ181系だけは1年前に影も形もなかった。

そこで千葉局管内での試験結果が優秀であったキハ91形の走行部分と、居住性の面で評判の良かったキハ82形の車体を組み合わせてキハ181系特急形気動車の設計が進められた。その時、キハ91形は中央西線で長期試験が始まったばかりだった。キハ91形の冷却系トラブルが明らかになったのは1968(昭和43)年の夏ごろで、試験の始まった前年秋にはチェックシートに冷却系の試験欄がなかったからだ。キハ91形の欠陥が明らかになったその時には、もうキハ181系の実車がほとんどでき上がっていた。

予定通りヨンサントオダイヤ改正で中央西線の特急「しなの」でデビューしたキハ181系だが、予想通り夏場のオーバーヒートが多発した。初年度は予備車もなく、しばしば制御系統の同じキハ91形が引っ張り出された。あるとき、先頭のキハ181形が自走不能の故障を起こし、先頭車は途中駅で切り離し、救援に出た蒸気機関車D51形に牽かれて長野に4時間遅れで到着したこともあった。今なら即、前途運休だろう。

1970(昭和45)年の2月、奥羽本線の「つばさ」をキハ80系からキハ181系に置き換えた。キハ80系の時代には福島～米沢間の板谷峠を電気機関車の補機を付けて登ったが、キハ181系の性能なら自力登坂可能という判断で、補機は付けなかった。

ヨンサントオ・ダイヤ改正の目玉の1つとして登場したキハ181系。
国鉄末期以降は山陰と四国で使用された。

両開きドアに転換クロスシートという、国鉄では異例な仕様で登場したキハ66・67形。写真は晩年の姿。

ところがこちらは冷却系のみならず、ガスケット吹き抜け、排気マニホールドが加熱から出火焼損などの重大事故が多発した。このエンジンはもともと欠陥があり、中央西線よりさらに過酷な奥羽本線には耐えられなかったのだ。

それで福島～米沢間にはEF71形の補機を付けるようになり、予備車捻出のため1両減車の措置がとられた。キハ181系受け持ち区では国鉄本社に何度もエンジン改修を上申したが、受け入れられなかった。

実はそのエンジンはある国鉄本社の偉い人が設計したもので、忖度して誰も伝えなかったのだ。その後も問題を抱えたままキハ181系の増備が続けられ、最終的には5年間に158両製造された。国鉄民営化の際にはJR西日本と四国に138両が承継された。問題のエンジンは、偉い人が退職した後、圧縮比を下げて出力を抑えたところ、ぴたりと故障が収まったという。どこかで聞いたような話である。

キハ66・67形

1975（昭和50）年3月の山陽新幹線博多開業とセットで、九州北部の新幹線連絡および近隣のフリークエントサービス向上のため、前年の1974（昭和49）年から2両編成が15本の合計30両が製造された。片側2カ所の両開きドア、セミクロスシートの近郊形のようであるが、実は転換クロスシートであり、窓が2個ずつユニットになっている。117系電車とよく似ているが、こちらの方が5年も早い。当時の気動車には珍しく最初から冷房付きであり、国鉄が末期になって取り入れた地方独自のサービスがすでに見られるのである。しかし元がとれなかったのか、全国に普及することはなかった。

エンジンはキハ181系の500PSエンジンの改良形で440PSに下げたDML30HSH。さまざまな改良を施したが、それでも初期故障が多発した。キハ66形とキハ67形の2両で1ユニットを組んでおり、1両で動くことはできない。非常に音が大きくて、この列車がいるとホームで立ち話ができないほどだった。30両全部がJR九州に承継されたが、2021（令和3）年に全廃になった。

キハ40・47・48形
（キハ40系）

1977（昭和52）年から1982（昭和57）年にかけて、キハ10系やキハ55系などの旧形気動車の置き換えのため、大量生産された。この時代は国鉄の労使関係が最悪な時代で、車両も線路もロクなメンテナンスも受けずに次第に荒廃していくのを目の当たりに見ているような時代だった。この気動車もあまりメンテナンスをしなくても走るようにできており、そのために設備過剰のやたら重い車体になった。DMH17より20%出力の大きい新型エンジンを採用したが、車体も2割重くなったので、性能的には古い気動車とあまり変わらなかった。

これまで酷寒地向け・寒冷地向け・暖地向けと形式を変えてきたが、このシリーズでは同じ形式の番代区分で分けるようになった。

キハ183系
スラントノーズの粋な奴

北海道には1961（昭和36）年からキハ82・80形による特急列車が走ってきたが、過酷な自然環境、特に冬の気温と雪の影響で急速に老朽化が進んできた。また内装も陳腐化が目立つようになってきた。道路事情も良くなってきて、高速バス対策も考

冬期の環境が厳しい北海道用に開発されたキハ183系。

えなくてはならなくなった。

そこで「雪と寒さに強い」をコンセプトにした新型特急気動車が開発されることになった。1979(昭和54)年に900番代試作車が完成、1981年10月から量産車の運用開始。当時、自動車などに角張ったデザインが流行し、先頭車のキハ183形もスラントノーズと呼ばれる角と平面で構成された正面となった。

民営化直前の1986(昭和61)年11月のダイヤ改正からは後期型N183系と呼ばれる改良型が登場。こちらの先頭車はキハ185系に似た貫通型の正面になった。その後さらにNN183系も追加生産された。さらに苗穂工場自社製造のリゾートトレインも3編成あり、キハ183系の総数は167両となる。初期車はすべて引退済みで、キハ183系が姿を消すのも間近いと思われる。ただ、タイ国に無償譲渡された初期車がつい最近動き出したようで、楽しみである。

久留里線カラーをまとう、晩年のキハ37形(手前)+キハ38形。

新時代に向けて国鉄からの贈り物

キハ37形

これまでの国鉄気動車は、長いこと標準化という枠に縛られ、さらにメンテナンスフリーの名のもとに、今すぐ必要でない装備もあらかじめ取り付けておくなど、硬直した重厚長大システムにはまりこんでいた。地方線区の実情に合わせた装備と合わせて、コストダウンの徹底を図った。

エンジンは世界の実情に合わせて、小型軽量な直噴式ディーゼルエンジンを選んだ。ただし鉄道用として適当なものがなく、船舶用の縦型エンジンを採用したが、床板に点検蓋が復活した。台車と液体変速機には廃車発生品を再利用してコスト削減を図った。片運転台、片開き2ドアで車内はオールロングシート。全部で5両造られたが、残念なことに量産はされなかった。JR西日本に2両、東日本に3両承継されたが、5両ともすでに廃車。だが東日本の3両は、水島臨海鉄道に引き取られて今も元気な姿を見せている。

キハ38形

1986(昭和61)年から翌年にかけて、国鉄工場の技術継承のため、老朽化したキハ35系の改造名目で車体を新製したもの。台車と液体変速機などの主要部品を再利用したのはキハ37形と同様。今回はさらに踏み込んで、ユニット窓や冷房などはバス用の部品を使っている。

エンジンはキハ37形の船舶用のものを横型に改良した過給器付き直噴式ディーゼルエンジンを1基搭載している。両開きドアが片側3カ所、オールロングシートは種車のキハ35形と同じだ。ただ特徴のあった外吊りドアは、台枠強度に問題のないことがわかり、戸袋の付いた普通の両開きドアになった。

国鉄大宮工場で3両、郡山工場・長野工場・鷹取工場・幡生車両所で1両ずつの合計7両製造され、八高線で使われた。その後は久留里線に移り、2012(平成24)年12月に用途廃止。1両は千葉県のポッポの丘で保存、もう1両はキハ37形と一緒に水島臨海鉄道に、残り5両はミャンマー国鉄に譲渡された。

キハ185系

営業基盤の弱い北海道・四国・九州の民営化後の負担を少しでも軽くするため、国鉄のうちに新製車を配置しておこう、ということで各社に向いた車両を国鉄からプレゼント、いや親心といった方がいいか。

民営化前年の1986(昭和61)年に四国に送り込まれたのは特急車が52両。11月のダイヤ改正からさっそく

四国に特化したキハ185系。特急形としては異例の、運転台付き車両が基本の車種構成となった。高松　1987年　写真／PIXTA

使われた。老朽化の進んだ急行形・一般形気動車の置き換えで、普通列車に使われることもあるので、片側2扉である。トイレ付きの先頭車キハ185形0番代、トイレなしの先頭車キハ185形1000番代、運転台なしの中間車で半室グリーン車のキロハ186形の3機種が造られ、優等列車の短編成化が進んでいた頃だったので、2両編成の特急とすることもできる。

JR四国発足後に14両追加投入されたが、振り子式気動車2000系がデビューすると余剰気味になり、短編成の優等車を探していたJR九州と商談が成立。20両がJR九州に売却された。現在も四国と九州のそれぞれで活躍を続けている。

当時の国鉄では最小の旅客車となったキハ32形。

ステンレス車体に2基エンジンを搭載したキハ54形。写真は北海道向け500番代の急行仕様。

キハ31形

九州向けに1986(昭和61)年末から1987年初めにかけて製造された、17m級のステンレス車。台車・液体変速機・ブレーキ装置などに廃車発生品を再利用している。座席も新幹線0系の廃車発生品。客用ドアやドアエンジン、クーラーなどはバス用品を多用している。JR化後の1988(昭和63)年に3両追加製造された。2019(平成31)年3月で定期運用が終了、12月には全車廃車となった。

2004(平成16)年にキハ31形20号車がくま川鉄道に売却され、同社KT31形となったが、2013(平成25)年に廃車解体されている。

キハ32形

四国向けに民営化直前の1987(昭和62)年に21両製造されたもの。全長16mの普通鋼製だが、それ以外はキハ31形とほとんど同じである。民営化後にトロッコ列車用のキクハ32形を2両増備した。

新幹線0系顔の「鉄道ホビートレイン」は、キハ32形3号車を改造したものである。類似点の多いステンレス製のキハ31形がすでに全車引退しているのに、普通鋼のキハ32形が健在なのがなんとも不思議である。

キハ54形

四国と北海道向けに1986(昭和61)年に41両造られた、全長21.3m級のオールステンレス車。勾配や積雪に耐えうるように、2基エンジン搭載となっている。エンジンは250馬力の横型6気筒過給器付き直噴式ディーゼルエンジン。これを2基で500馬力。台車と液体変速機は廃車発生品の再利用でコストを下げたり、バス用品を多用したりとキハ31・32形との類似点が多い。四国向けは暖地仕様で12両、北海道向けは酷寒地仕様で29両造られた。踏切事故のため1両廃車が出ている。

九州向けに新製投入されたキハ31形。グリーン車のように1列ごとに並ぶ小窓が独特だった。

STAFF

編　集
林 要介(「旅と鉄道」編集部)

デザイン
安部孝司

執　筆(五十音順)
高橋政士、岩成政和、松本正司(掲載章順)

写真・資料協力(五十音順)
雨宮奈津美、新井 泰、岸本 亨、高橋政士、辻阪昭浩、中村 忠、長谷川智紀、マリオン業務センター(児島眞雄氏写真所蔵)、PIXTA

取材協力
道南いさりび鉄道株式会社、小湊鐵道株式会社

参考文献

図説キハ40、47、48(関西鉄道学園気動車研究会)、液体式ディーゼル動車(キハ40・47・48)図面　車体関係1(日本国有鉄道車両設計事務所)、車両の80年(日本国有鉄道)、鉄道ピクトリアル 各号(電気車研究会)、鉄道ファン 各号(交友社)、JR全車輌ハンドブック 各号(ネコ・パブリッシング)　ほか

旅鉄車両ファイル006

国鉄 キハ40形 一般形気動車

2022年11月27日　初版第1刷発行

編　　者　「旅と鉄道」編集部
発 行 人　勝峰富雄
発　　行　株式会社 天夢人
〒101-0051　東京都千代田区神田神保町1-105
https://www.temjin-g.co.jp/
発　　売　株式会社 山と溪谷社
〒101-0051　東京都千代田区神田神保町1-105
印刷・製本　大日本印刷株式会社

■内容に関するお問合せ先
「旅と鉄道」編集部　info@temjin-g.co.jp
電話03-6837-4680
■乱丁・落丁に関するお問合せ先
山と溪谷社カスタマーセンター
service@yamakei.co.jp
■書店・取次様からのご注文先
山と溪谷社受注センター
電話048-458-3455　FAX048-421-0513
■書店・取次様からのご注文以外のお問合せ先
eigyo@yamakei.co.jp

Printed in Japan
ISBN978-4-635-82444-6